城市黑臭水体治理与管理

# 城市黑臭水体污染特征及卫星遥感识别技术

高红杰 刘晓玲 申 茜等 著

科学出版社

北 京

# 内 容 简 介

本书系统介绍城市黑臭水体的污染特征、光学特性及其遥感识别模型构建、基于国产高分影像的黑臭水体定量提取及卫星遥感识别技术，致黑致臭特征污染物筛选、微生物菌剂治理技术，以及典型黑臭水体特征污染物来源分析等内容，可为我国城市黑臭水体的监管及治理提供可借鉴的技术方法，具有较好的参考意义。

本书可供从事流域污染监管及控制等领域的技术人员、科技人员与管理人员参考，也可供高等院校环境工程、市政工程、遥感科学与技术及相关专业师生参阅。

**图书在版编目(CIP)数据**

城市黑臭水体污染特征及卫星遥感识别技术／高红杰等著. —北京：科学出版社，2022.3

（城市黑臭水体治理与管理）

ISBN 978-7-03-071988-1

Ⅰ. ①城… Ⅱ. ①高… Ⅲ. ①卫星遥感—应用—城市污水处理—研究—中国 Ⅳ. ①X703

中国版本图书馆 CIP 数据核字（2022）第 048515 号

责任编辑：周 杰 ／责任校对：任苗苗
责任印制：吴兆东／封面设计：无极书装

科学出版社 出版
北京东黄城根北街 16 号
邮政编码：100717
http://www.sciencep.com

**北京中科印刷有限公司** 印刷
科学出版社发行 各地新华书店经销
*
2022 年 3 月第 一 版 开本：720×1000 1/16
2022 年 3 月第一次印刷 印张：10 1/2
字数：220 000
**定价：158.00 元**
（如有印装质量问题，我社负责调换）

# 《城市黑臭水体治理与管理》
# 丛书编委会

# 《城市黑臭水体污染特征及卫星遥感识别技术》
## 撰写委员会

主　　笔　　高红杰　刘晓玲　申　茜　宋永会　吕纯剑

参与人员　（按姓氏笔画顺序）

王嘉宁　朱文飞　朱学练　刘　洋

刘东萍　李晓洁　杨　旭　宋　晨

宋楠楠　张林义　姚　月　徐瑶瑶

郭东衡　曹红业　韩　璐　焦巨龙

路金霞

# 前　言

随着国民经济的增长和社会发展步伐的加快，城市规模日益膨胀，城市环境基础设施日渐不足，城市污水排放量亦不断增加，导致大量污染物入河，许多地方的水体出现了常年性或季节性的黑臭现象。国务院于 2015 年 4 月颁布了《水污染防治行动计划》（简称"水十条"），提出了分期整治城市黑臭水体的目标。根据住房和城乡建设部、生态环境部"全国城市黑臭水体整治信息发布"平台信息显示，截至 2018 年 10 月，我国黑臭水体总认定数为 2100 个。全国约 70%的黑臭水体分布在华南、华中及华东等地区，呈现南多北少、东中部多、西部少的地域特点。城市黑臭水体防治不仅是国家"水十条"的重点内容，亦是国家七大污染防治攻坚战之一。

城市黑臭水体主要源于城市点源及非点源污染、水体滞流、水系断流等因素，具有面广、量多及空间分布复杂等特点，这导致黑臭水体的识别和治理等存在较大难度。城市黑臭水体不同于"正常水体"，其水质特征具有明显的差异性和特殊性，这为卫星遥感识别技术的开发提供了科学依据。不同于传统识别方法，卫星遥感技术具有动态、快速地调查城市黑臭水体空间分布等特点，可成为识别与监测城市黑臭水体分布的高效手段之一。为此，本书紧紧围绕"水十条"《城市黑臭水体治理攻坚战实施方案》有关城市黑臭水体的整治要求，基于水体污染控制与治理科技重大专项先期项目、北京市自然科学基金面上项目等相关科研成果，总结、凝练了城市黑臭水体的污染特征、光学特性及其遥感识别模型构建、基于国产高分影像的黑臭水体定量提取及卫星遥感识别技术、致黑致臭特征污染物筛选、微生物菌剂治理技术，以及典型黑臭水体特征污染物来源分析等内容，形成了这本《城市黑臭水体污染特征及卫星遥感识别技术》专著。本书共分为 11 章：第 1 章是绪论，概述了城市黑臭水体识别及治理的国内外研究进展，分析了我国城市黑臭水体治理发展趋势；第 2~4 章依次分析了城市黑臭水体常规水质特征、有机质污染特征及致黑致臭污染物特征；第 5 章分析了典型城市黑臭水体特征污染物主要来源；第 6 章介绍了内陆水色遥感数据的获取与处理方法；第 7 章分析了城市黑臭水体的光学特性；第 8~9 章分别介绍了基于卫星的城市黑臭水体识别模型构建，以及基于国产高分影像的城市黑臭水体定量提取及卫星遥感识别技术；第 10 章介绍了微生物菌剂固定化条件的优化及其对城市黑臭水体处理效果的评价。本书将城市黑臭水体的水质特征与识别及治理技术相结合，具有一定的参考价值和指导意义，有助于我国城市黑臭水体的监管及治理技术的发展。

限于著者水平，书中难免存在不足之处，敬请读者提出批评和修改建议。

作　者

2021 年 4 月 21 于北京

# 目　　录

# | 第 1 章 | 绪　　论

## 1.1　黑臭水体概述

### 1.1.1　城市水体黑臭现象

水是生命之源，是人居环境最重要的组成部分。城市河流、湖泊等水体作为居民生活的必需品，不仅可以提供水源、补充地下水、调节流量和温度，还可以维护生态平衡、保持城市气候、改善居住环境，对城镇的存在形态和经济发展起着非常重要的作用。而随着城市规模的不断扩大，工业发展和城市化速度的加快，工业废水和生活污水的排放量逐渐大于污水厂的处理量，越来越多的污水未经处理直排河湖，城镇水体被视为城市工业废水和生活污水等的主要排污场所。排入河道的污水远远超出其自净能力，引起水质恶化或富营养化等问题，甚至出现水体黑臭现象。此外，在城市黑臭水体治理实施之前，城市环境基础设施建设相对滞后，很多地方存在污水未经收集处理而直排环境、垃圾随处倾倒入河的现象，水体黑臭问题随之产生。随着经济的发展及人口的增长，全球范围内的水体污染问题越来越突出，引起人们的广泛关注。

随着国家工业化、城市化的发展，城市水体如英国伦敦的泰晤士河、德国鲁尔埃姆舍河、奥地利维也纳多瑙河等都出现过常年黑臭现象，但经过长期治理，均得到了改善。从历史上看，城市河流污染一直伴随着城市的迅猛发展而出现。在 20 世纪 90 年代以前，部分国家或地区仅仅追求经济的快速发展，并未重视随之产生的环境污染问题。自 20 世纪 80 年代起，随着改革开放力度的不断加大，我国社会经济进入了持续高速发展阶段。由于各地在经济发展过程中往往以牺牲环境为代价，大量工业废水经简单处理后和生活污水就近直排入河，导致许多城市河流同西方城市河流一样，走上了先污染后治理的老路（张列宇等，2016）。彼时，我国城市水体水质总体较差，特别是位于城市建成区的河道，如北京的玉带河、上海的中心河及苏州河、沈阳的细河、苏州的九龙河、济南的柳行河、深圳的茅洲河、成都的二道河、南京的秦淮河等水质急剧恶化。其中，以上海的苏州河最为典型，20 世纪 80 年代初至 21 世纪初的苏州河及其 10 余条支流终年黑臭，鱼虾几乎绝迹，路人掩鼻。

20 世纪 90 年代中期，随着人民生活水平的提高及经济的发展，日趋严重的河流污染问题引起了全国各地政府和公众的广泛关注，城市黑臭水体成为公众反映强烈的环境问题之一。根据 1999 年《中国环境状况公报》等相关资料，我国流经城市的河段普遍受到污染，141 个国控城市河流断面中有 63.8% 为 IV 类到劣 V 类水质，如上海的苏州河、南京的秦淮河、宁波的内河等，水体黑臭现象突出。此后，许多城市开始斥巨资开展大规模的生态环境整治，上海通过启动苏州河环境综合整治系列工程，实现苏州河的综合整治，是我国最早实施黑臭河道治理的城市。

鉴于城市治理黑臭水体的重要性和紧迫性，党中央、国务院及相关部门高度重视，接连出台了一系列政策和文件，提出了黑臭水体治理工作相关要求与行动计划等。2015 年 4 月，国务院正式颁布了《水污染防治行动计划》（简称"水十条"），提出了到 2020 年，地级及以上城市建成区黑臭水体均控制在 10% 以内；到 2030 年，城市建成区黑臭水体总体得到消除的控制性指标。

为贯彻落实"水十条"相关要求，2015 年 9 月，住房和城乡建设部同环境保护部（现生态环境部）等部门共同制定了《城市黑臭水体整治工作指南》，指导地方组织开展城市黑臭水体整治工作，提升人居环境质量。该指南将城市黑臭水体定义为城市建成区内呈现令人不悦的颜色和（或）散发令人不适气味的水体，并提出了城市黑臭水体的分级标准与判定方法。

2016 年初，为更好地实现城市黑臭水体整治工作目标，住房和城乡建设部联合环境保护部推出了"城市水环境公众参与"微信平台，据平台统计，2016 年全国共有黑臭水体 1945 个，总长度 7743.73km。其中，黑臭等级为重度的有 687 个，轻度的有 1258 个。我国城市黑臭水体的程度和范围不断加剧，不仅制约了社会经济的发展，而且影响我国在国际上的地位和形象。

## 1.1.2  黑臭水体的危害

河流污染最明显的表现形式是视觉上的直观改变，水体黑臭是在水体受到严重污染时出现的一种极端现象。一方面，城市黑臭水体会影响城市景观，影响城市居民的正常生活，制约城市的发展，降低河道周边的土地利用价值（丁琦，2012），威胁人类生活和健康（黄畅，2017），限制城市的生态文明发展（李勇和王超，2003；程江等，2006；吕佳佳，2011）；另一方面，过量的污染物排入水体，致使水体缺氧，造成水中的鱼类及其他水生生物非正常死亡，滋生细菌，破坏河道的生态环境，导致河流水体丧失资源功能和使用功能，人们"避而远之"。

水体污染同样会影响居民生活用水，水处理成本变高，经济损失较大。对水体而言，水产品染上恶臭气味后将无法食用，严重时将导致河流生态系统崩溃，大量水生动植物死亡，破坏了河流的旅游、疗养、饮用、养殖、游泳等用途的价值。此外，水体产生的刺鼻气味会使人烦躁、头昏脑涨、头痛、工作效率低下，使人厌食、恶心、呕吐，导致消化功能减退严重。具有刺鼻气味的硫化氢（$H_2S$）气体浓度超过 0.007mg/L 时，将影响人眼对光的反射。当 $H_2S$ 气体浓度高于 10mg/L 时会刺激人的眼睛，同时会使人产生短暂性支气管收缩。头痛、发烧、智力欠佳、脑膜炎或肺炎等也是 $H_2S$ 吸入过多会造成的后果。当 $H_2S$ 气体浓度达到 800~1000mg/L 时，半小时内便可使人死亡。当 $H_2S$ 气体浓度大于 1000mg/L 时，能使人瞬间死亡。$H_2S$ 气体具有麻痹作用，因此会比其他气体更难预防。同样具有恶臭气味的氨气（$NH_3$）对人体危害也极大，当人暴露在 $NH_3$ 浓度为 17mg/L 的环境中超过 7h，其呼吸频率会下降。人们长期受黑臭水环境影响很有可能会产生"致畸、致癌、致突"的严重后果（王宇，2010）。

黑臭水体周边居民长期关闭窗户，被迫佩戴口罩出行，对呼吸道健康产生不良影响。在臭味弥漫的环境中，人很容易产生不良反应，如心情烦躁、头晕恶心、呕吐等，情况严重时，会损害中枢神经、大脑皮层的兴奋和调节功能，最终失去嗅觉。

综上，黑臭水体不仅限制了城市的发展，对居民的身体及心理均造成不利影响，全面整治黑臭水体成为势之所趋。

## 1.1.3　水体黑臭的机理

"黑臭"的定义为：从肉眼观测角度上讲是指水体呈现黑色或者泛黑色，从嗅觉角度来说是指水体散发出的气味，对人体嗅觉器官产生刺激，令人感到不悦、烦躁（卢信等，2012）。水体黑臭是物理、化学、生物作用综合作用产生的现象（Lazaro，1979；吕佳佳，2011；卢信等，2012）。

河道水体发臭的最主要原因是水中微生物分解有机质释放出带有臭味的气体。其中有机碳、有机氮和有机磷是主要致臭污染物，常见的发臭物质主要有厌氧细菌产生的甲硫醇（$CH_3SH$）、$H_2S$ 和 $NH_3$，好氧细菌产生的土臭味素（geosmin）和 2-甲基异莰醇（2-MIB）（张列宇等，2016）。污废水排放挟带的有机质进入水环境后会使水体的性状发生巨大变化，其中有机污染物包括有机碳化合物［化学需氧量（COD）和生化需氧量（BOD）］、有机氮化合物以及有机磷化合物，典型代表包括糖类、蛋白质、脂类等。当大量含碳有机质排入水体时，微生物会迅速繁殖，好氧微生质分解有机质消耗大量氧气，使得水体的耗氧量大于复氧量，水体呈现缺氧状态，自净作用受到限制（王旭等，2016）。此时，厌氧微生物大量繁殖且在缺氧的条件下将有机质分解为难溶于水的臭味气体，气体逸出水面进入大气环境（于玉彬和黄勇，2010），致黑物质保留在水体中使水体发黑；当大量氮磷有机质排入水体时，只要温度适宜，厌氧微生物或者好氧放线菌都可以分解有机质释放出臭味气体。除此之外，以油脂为代表的有机质因密度小于水，进入水环境后会漂浮在水面，进一步阻碍水气交换，加重水体缺氧情况。根据微表层油膜漂浮物实验结果，微表层的有机漂浮物对于水体溶解氧（DO）含量有明显抑制作用（包蓉和刘本洪，2016）。

水体中的致黑物质可以分为两种：一种是以固态或吸附于悬浮颗粒上的形式存在于水体中的不溶性物质；另一种是可溶于水的带色有机化合物。河道水体发黑的最主要原因是水体中不溶的黑色悬浮颗粒物在气体的作用下上浮，部分重金属如 Fe、Mn 在缺氧条件下被还原，形成有色金属化合物（刘国锋等，2009，2010；申秋实，2011；Gui et al.，2011）。

工业废水、生活污水以及冷却水等废水排入自然水体后会导致水体局部区域水温升高，水中 DO 含量降低。吕佳佳等（2014）对黑臭水体形成条件的研究结果表明，水体的色阈值（CH）和臭阈值（OT）均随温度的升高而升高，当水温达到 25℃时会引起水体的黑臭现象，在水温 30℃时 CH 和 OT 达到最大。当温度低于 8℃或高于 35℃时，放线菌对于底泥以及水体黑臭现象基本没有贡献，而在 25℃条件下其生命活动最活跃，因而对水体黑臭的贡献也最大（Wood et al.，1983）。

综上，城市黑臭水体形成的主要原因如下：有机质（徐风琴和杨霆，2003）和无机物的污染（罗纪旦，1987）、底泥的再悬浮（应太林等，1997；张丽萍等，2003）、溶解氧（芮正琴，2017）、温度（Wood et al.，1983）、Fe、Mn 重金属的污染（Noblet et al.，1999）等。另外，水体流动不畅、流速降低以及河床河岸硬质化等问题均可能导致水体黑臭现象。张敏和杨芹伟（2004）在对上海黑臭水体的研究中指出，黑臭水体产生的重要原因是河道淤积、流速降低引发的植物爆发式生长，进一步阻碍了该区域的水动力条件。同时，河道与河岸的硬质化也使得水土物质交换出现障碍，影响了正常的水循环，加重了水体黑臭的情况（张敏和杨芹伟，2004）。除水体自身条件外，外界对水体的扰动也可能引起水体黑臭，如船只航行等。

水体黑臭的成因如图 1-1 所示。水体中需氧生物的生命活动以及大量还原物质的氧化消耗水体中富含的氧，降低了水体中的氧含量。在水体底部（下覆水体和底泥）缺氧层中，$SO_4^{2-}$作为电子受体，被硫酸盐还原菌逐步还原为$S^{2-}$（卢信等，2012）。同时，Fe、Mn等金属离子亦被其他微生物还原为$Fe^{2+}$、$Mn^{2+}$等还原态离子（于玉彬等，2012），底部的$S^{2-}$与$Fe^{2+}$、$Mn^{2+}$等金属离子结合生成的金属硫化物随着水体扰动被释放并悬浮于上覆水体，导致水体变黑（Wang et al.，2014）。与此同时，含硫蛋白质厌氧分解生成的硫醇、硫醚类物质（卢信等，2010），被以放线菌为主的微生物代谢，产生2-甲基异莰醇与土臭味素（Song et al.，2017）。此外，藻类裂解释放的β-紫罗兰酮等（Wang et al.，2014）致嗅物质逸散出水体，引起水体变臭。

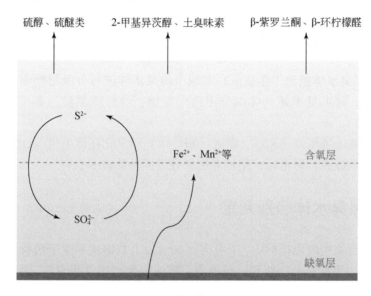

图1-1　水体黑臭成因示意

# 1.2　黑臭水体的分级与判定

## 1.2.1　水质指标的测定方法

黑臭水体采用的水质指标测定方法见表1-1。

表1-1　城市黑臭水体污染程度分级标准

| 特征指标（单位） | 轻度黑臭 | 重度黑臭 | 测定方法 | 备注 |
|---|---|---|---|---|
| 透明度/cm | 10~25* | <10* | 黑白盘法或铅字法 | 现场原位测定 |

续表

| 特征指标（单位） | 轻度黑臭 | 重度黑臭 | 测定方法 | 备注 |
|---|---|---|---|---|
| 溶解氧/（mg/L） | 0.2～2.0 | <0.2 | 电化学法 | 现场原位测定 |
| 氧化还原电位/mV | −200～50 | <−200 | 电极法 | 现场原位测定 |
| 氨氮/（mg/L） | 8～15 | >15 | 纳氏试剂光度法或水杨酸-次氯酸盐光度法 | 水样应经过 0.45μm 滤膜过滤 |

＊水深不足 25cm 时，该指标按水深的 40% 取值。

注：相关指标分析方法参见《水和废水监测分析方法（第四版）》

## 1.2.2　黑臭水体的分级标准

《城市黑臭水体整治工作指南》对城市黑臭水体进行分级与判定，根据不同的黑臭程度，将黑臭水体具体细分出两个等级："轻度黑臭"和"重度黑臭"（林培，2015）。

把溶解氧、透明度（SD）、氨氮（$NH_4^+$-N）和氧化还原电位（ORP）作为城市黑臭水体的分级评价指标，测定方法和分级标准见表1-1。

## 1.2.3　黑臭水体级别判定

某检测点4项理化指标中，1项指标60%以上数据或不少于两项指标30%以上数据达到"重度黑臭"级别，该检测点应认定为"重度黑臭"，否则可认定为"轻度黑臭"。连续3个以上检测点认定为"重度黑臭"的，检测点之间的区域应认定为"重度黑臭"；水体60%以上的检测点被认定为"重度黑臭"的，整个水体应认定为"重度黑臭"。

# 1.3　国内外研究进展

## 1.3.1　黑臭水体的水质特征与关键污染物

### 1.3.1.1　黑臭水体的水质特征

黑臭水体具有独特的水质特征。依据《城市黑臭水体整治工作指南》，评价水体黑臭的4个指标包括：溶解氧、氧化还原电位、氨氮和透明度。在视觉感官上，水体流速缓慢并呈（泛）黑色、灰白（蓝）色或黄褐色；在嗅觉感官上，水体可散发刺激性气味，令人不愉快、恶心或厌恶。此外，水体组分中各类水质参数与一般清洁水体差异较大。

### 1.3.1.2　黑臭水体关键污染物

**（1）内外源污染物**

随着城市化的建设，城市人口激增，造成城市污水处理能力不足，管网等环境基础设施本身存在建设不合理、截污治污措施落后等问题，导致大量外源污染物直接进入河流，主要有：①地表、土壤及沿河公路路面中有机质和氮磷等元素被雨水冲刷流入河流；②沿河工业废水以及生活污水的汇入；③沿河污水管线或者污水收集、转运、处理设施因管理不善或其他原因导致污水的汇入；④补水水体本身水源污染物的汇入。一旦水体超量受纳外源性污染物，水体中的溶解氧在好氧微生物作用下被快速消耗，在降低至2.0mg/L时，水体就处于缺氧状态。在厌氧环境下，水体产臭和致黑在厌氧微生物的作用下同时进行，大量有机质被厌氧细菌分解为甲烷（$CH_4$）、$H_2S$、$NH_3$等异味易挥发的难溶气体以及低碳脂肪酸和胺类等，此外厌氧放线菌分泌的土臭味素和2-甲基异茨醇也是导致水体黑臭的"元凶"。在难溶气体上升过程中，部分黑臭底泥进入上覆水体，导致水体发黑；厌氧微生物将溶进水体的黛色有机化合物进一步反应为硫化亚铁等黑色沉积物，在难溶气体的托浮作用下进入上覆水体。

黑臭水体内源污染物主要来源于水体底泥。在水体冲刷、人为扰动的影响下，会导致底泥的再悬浮，而吸附在底泥内的污染物随着底泥的上浮与孔隙水发生交换，从而向水体中释放污染物。此外，底泥的厌氧环境给底泥微生物提供了良好的生存环境，导致它们能大量降解污染物，加上外源性污染物的进入促进厌氧发酵，进而产生$H_2S$、$NH_3$等难溶异味气体，加剧底泥的再悬浮。据调查，底泥污染物的释放量在有些污染水体中与外源性污染物总量相当。此外，在富营养化水体中，藻类的增长可大量消耗水体中溶解氧，而死亡的藻类可被分解形成有机物和氨氮，加剧黑臭现象的产生。

**（2）致黑致臭特征污染物**

我国《城市黑臭水体整治工作指南》将黑臭水体的判定指标确认为溶解氧、透明度、氧化还原电位以及氨氮这4项指标。但是，在实际黑臭水体治理过程中仅仅考虑这4项指标可能难以取得较好的成效。掌握黑臭水体水质特征，尤其是致黑致臭等特征污染物，研究并探明这些特征污染物的分布规律是治理黑臭水体并保持水质长效改善的关键。现有研究表明，虽然促使水体黑臭演变过程涉及的因素较多，但其中致黑致臭的主要污染物具有相似性。

表 1-2 列出了致黑致臭特征污染物在我国部分黑臭水体中的分布。大多数研究表明，$Fe^{2+}$、$Mn$、$S^{2-}$ 与水体发黑相关，$Cu^{2+}$、$Hg^{2+}$ 形成的金属硫化物亦同样具有致黑效应。但是，关键的致黑污染物在不同的黑臭水体中呈现地域差异。例如，Wang 等（2014）研究发现，太湖上覆水体中的 $S^{2-}$ 与 $Fe^{2+}$ 或 $Mn^{2+}$ 形成的 FeS 和 MnS 是引起水体变黑的关键污染物。而 Song 等（2017）研究发现，东沙河水体色度主要受上覆水体中 $S^{2-}$ 浓度的影响，且水体色度随着 $S^{2-}$ 浓度的增加而变深。就致臭物质而言，不同的黑臭水体亦呈现差异。Liu 等（2015）认为，以二甲基三硫醚为主的硫醚类是太湖的主要致臭物质。而 Wang 等（2014）在分析太湖致臭物质时发现，二甲基三硫醚和 β-紫罗兰酮皆为致臭物质。外源污染物和内源底泥都可能引起水体发黑发臭。Liu 等（2015）和 Wang 等（2014）研究太湖黑臭成因时发现，水体中的外源有机质在降解的同时大量消耗水中的溶解氧，在缺氧环境下以厌氧微生物为主导的发酵作用使水中有机质转化为具有恶臭气味的易挥发有机质而逸散出，包括二甲基三硫醚、甲硫醇、二甲基硫醚等，而湖泊中通过微生物降解作用以及藻类等直接分泌释放的 β-环柠檬醛、β-紫罗兰酮、2-甲基异茨醇及土臭味素等，同样具有致臭效应。

表 1-2  我国黑臭水体典型特征污染物分布概览

| 黑臭水体名称 | 特征污染物浓度分布 | | 致黑致臭特征污染物 | | 参考文献 |
|---|---|---|---|---|---|
| | 上覆水 | 底泥 | 致黑 | 致臭 | |
| 北京东沙河 | TFe 14.3~65.9μg/L、TMn 8.7~60.0μg/L、TCu 0.1~0.7μg/L、THg 未检出、$S^{2-}$ 3.8~17.9mg/L、二甲基三硫醚 14.6~87.7μg/L、2-甲基异茨醇 11.1~24.7μg/L、土臭味素 0.2~60.1μg/L、β-紫罗兰酮 49.8~937.7μg/L、甲硫醇未检出、二甲基硫醚未检出、二甲基二硫未检出、β-环柠檬醛未检出 | TFe 1.5×10⁷~2.5×10⁷μg/kg、TMn 2.6×10⁵~7.7×10⁵μg/kg、TCu 1.9×10⁴~6.6×10⁴μg/kg、THg 未检出、$S^{2-}$ 113.3~4943.3mg/kg | $S^{2-}$、TFe、TMn、TCu | 二甲基三硫醚、2-甲基异茨醇、土臭味素、β-紫罗兰酮 | Song 等（2017） |
| 滇池 | $S^{2-}$ 2.9~3.4mg/L | TS 0.7%~0.9%、TFe 14.8~15.2mg/L、硫化物 4.5~6.3mg/L | $S^{2-}$、TFe | $NH_4^+$-N | Sheng 等（2013） |

| 黑臭水体名称 | 特征污染物浓度分布 | | 致黑致臭特征污染物 | | 参考文献 |
|---|---|---|---|---|---|
| | 上覆水 | 底泥 | 致黑 | 致臭 | |
| 太湖月亮湾水域 | 有机质负荷水平≥1g/L（即可致黑）、硫化物 | $Fe^{2+}$、硫化物 | 有机质、FeS | 含硫有机质 | 卢信等（2012） |
| 太湖 | $Fe^{2+}$0.006~0.326mg/L、$Mn^{2+}$0.02~0.196mg/L、$S^{2-}$0.12~1.45mg/L、2-甲基异茨醇6.3~59.3mg/L、β-环柠檬醛11.2~34.2mg/L、β-紫罗兰酮5.6~676.8mg/L、二甲基三硫醚5.9~4489.5mg/L | — | $Fe^{2+}$、$Mn^{2+}$ | 2-甲基异茨醇、β-环柠檬醛、β-紫罗兰酮、二甲基三硫醚 | Wang等（2014） |
| | $Fe^{2+}$0.83mg/L、$\sum H_2S$3.41mg/L二甲基硫醚约200μg/L、二甲基二硫约14μg/L、二甲基三硫醚约28μg/L、甲硫醇约17μg/L | — | $Fe^{2+}$、$\sum H_2S$（$H_2S$、$HS^-$、$S^{2-}$） | 二甲基硫醚、二甲基三硫醚、甲硫醇 | Liu等（2015） |
| 巢湖 | 未检出2-甲基异茨醇、几乎无土臭味素、β-环柠檬醛0.5~1.0μg/L、β-紫罗兰酮8.3μg/L | — | — | β-环柠檬醛、β-紫罗兰酮 | Jiang等（2014） |
| 秦淮河等 | 氨15.90~268.06mg/L、苯胺0.31~3.27mg/L、硝基苯3.08~35.13mg/L、二甲胺0.29~7.52mg/L、硫化氢73.33~1028.27mg/L、甲醛0.06~3.07mg/L、二硫化碳0~2.46mg/L、二氧化硫0.24~4.14mg/L | — | — | 氨、苯胺、硝基苯、二甲胺、硫化氢、甲醛、二硫化碳、二氧化硫 | Wan等（2014） |
| 广东江门新会区某黑臭河涌 | — | 硫化物398.61mg/L、有机质23.12% | — | 硫化物 | 何杰财等（2013） |
| 深圳某河道 | — | AVS 2371mgS/kg干泥、TOC 2.78%、$Fe^{3+}/Fe^{2+}$0.188 | $Fe^{3+}/Fe^{2+}$ | 有机质 | 罗雅等（2012） |

注：TFe为总铁，TMn为总锰，TCu为总铜，THg为总汞，TOC为总有机碳

## 1.3.2 黑臭水体遥感识别技术

起初，国内外学者主要研究黑臭水体的形成机理（罗纪旦和方柏容，1983；Cao et al.，2020）、评价方法（程江等，2006）和治理技术（宁梓洁和王鑫，2018；宫璐璐，2019），对黑臭水体识别和水体监测的研究减少。随着黑臭水体治理进程加快，已有的黑臭水体监测技术方法已经很难满足国内大面积的水质监测要求。遥感技术因其成本低、范围广、效率高、时间长等优点开始受到研究学者们的重视，也为黑臭水体监测提供了一种新的技术手段（七珂珂，2019；韩文聪等，2021）。

遥感是一种远程非接触的技术，通过采集探测对象发出或反射的电磁波信息，定性、定量地研究对象的形态（郭庆华等，2020）。20世纪70年代，遥感技术开始应用于地表水监测，其原理是（纪刚，2017）：水体自身的光谱反射特性受到水中的溶解物质、悬浮颗粒物、污染物浓度等因素影响，从而水体的透明度、温度等表现出不一样的状态，造成吸收和反射能量的不同，因此对不同污染的水体，对比分析其遥感影响特征，找到不同水体水质的波段或波段组合，建立相关的定性、定量模型，可达到使用遥感手段监测水体的目的。

近年来，采用遥感技术识别黑臭水体的研究越来越多。Nichol等（1993）通过Landsat TM图像识别了新加坡的一处黑臭水体；Hu等（2003）采用遥感影像研究了佛罗里达近岸水域的黑臭水体，发现了水体黑臭与近岸水域的底栖群落和珊瑚礁的衰退有关；曹红业（2017）将不同污染程度的黑臭水体和一般水体进行对比，通过表面光学量、水质参数特性等，提出了相关方法来识别黑臭水体；姚月（2018）研究了沈阳建成区黑臭水体的光谱特征，提出了一种改进的归一化比值模型；李玲玲等（2020）采用遥感技术有效地识别了轻度、重度黑臭水体，并将水体分为6类，采用不同颜色进行标识，同时采用决策树模型进行了验证；韩文聪等（2021）利用首颗民用亚米级卫星遥感影像，对宁海县部分建成区的水体采用典型遥感水质水边的识别法、基于BOI指数的黑臭水体识别模型、NDBWI指数进行疑似黑臭水体监控识别。

但是，遥感技术对水体的识别仍然存在以下不足（七珂珂，2019）。

1）现有高分辨率卫星传感器是针对陆地遥感设计的，利用此类影像监测黑臭水体，其宽谱的设置对捕捉不同黑臭水体光谱特征的准确性有待进一步研究。

2）黑臭水体细化分级模型仍不能满足当前需要。随黑臭水体治理进程的不断推进，水体污染程度将会不断变化，现有技术无法对水体黑臭程度进行更加详细的分级，不能准确识别水体污染程度。

3）黑臭水体识别模型在不同高分辨率影像上的实用性有待进一步研究。单一高分辨率影像难以对城市进行大范围、长时间动态监测，为全面识别监测黑臭水体，还需要多源高分辨率影像互补来提高黑臭水体的分辨率。

4）对于城市中的细小水体进行识别提取仍是遥感在黑臭水体识别中的难点。已有的遥感研究主要是针对大面积水体或河流开展工作，而对于城市建成区范围内的细小水体却难以准确识别。

## 1.3.3　黑臭水体治理技术

国务院颁布的《水污染防治行动计划》对黑臭水体提出了分阶段治理目标，要求到 2020 年，地级及以上城市建成区黑臭水体均控制在 10% 以内；到 2030 年，城市建成区黑臭水体总体得到消除。

城市黑臭水体治理应按照"控源截污、内源控制、生态修复和补水活水"4 个方面的技术路线具体实施。其中，控源截污是基础和前提，只有严格控制外来污染源，才能从根本上解决水体黑臭问题，避免黑臭现象反弹。内源控制是重要手段，通过采取相应的工程手段，有效削减内源污染物，达到显著改善水体水质的目的。生态修复和补水活水是水质长效改善及保持的必要措施，通过修复水体生态功能，改善河流水动力条件，增强水体自净能力。

### 1.3.3.1　控源截污

（1）截污纳管

截污纳管是指污染源单位将污水截流纳入污水截污收集管系统进行集中处理。20 世纪 80 年代，日本在治理琵琶湖时便采用此种措施将各处污水通过特定管网进入相应区域污水处理厂分别处理，以减轻琵琶湖的外源污染（Nakano et al.，2005）。截污纳管也是现阶段国内各省市在黑臭水体治理过程中采用的主要措施（刘晓玲等，2019）。通过完善城市雨污管网体系，将外来污染物纳入管网收集处理，可有效削减入河污染负荷。然而，管网的构建工程量较大、投资高，施工期易引发交通拥堵问题，且由于管网一般埋在地下，后期维护、保养较为困难，管道破损引起的渗漏具有隐蔽性。

（2）面源控制

面源控制是通过控制雨水径流中的污染物含量从而减少水体的外源污染负荷。在我国南方，特别是在雨水充沛的城市常结合海绵城市理念采用初雨径流污染控制技术，增设截流井和调蓄池，调控截流倍数，建立雨水收集系统，实现初期雨水全收集，解决雨季溢流污染。面源污染涉及面较广，往往一个流域、一条主干河的周边区域都要进行规划，落实较难，设计也不容易。因此，通常都是采取末端措施，如河道湖泊的末端调控。而在面源污染控制过程中，由于存在设施占地、土地补偿等问题，农民大多不愿配合，因此该措施在我国农村推广较为困难。

### 1.3.3.2 内源控制

#### （1）底泥疏浚

底泥疏浚是通过将受污染底泥清除出水体，直接减轻水体中致黑污染物负荷，从而达到削减水体中致黑污染物的目的。该技术早在 20 世纪 60 年代便被广泛研究与应用（Moore，1969；Babinchak et al.，1977）。Babinchak 等（1977）采用底泥疏浚的方法降低了 $S^{2-}$ 在太湖水体不同深度中的浓度，认为这是一种预防和控制湖泛发生的有效方法。陈超等（2014）采用底泥疏浚的方法降低了沉积物中 $Fe^{2+}$ 和 $S^{2-}$ 的含量，对太湖八房港和闾江口水域水体发黑和发臭等物质的生成具有一定的抑制作用。然而，底泥疏浚作业中，沉积在底泥中的其他污染物可能会随着搅动被释放入水环境中，同时还会带出河底底栖生物、微生物，改变河流原本的生物群落结构，打破长期形成的生态平衡，可能会引发新的生态问题（Manap and Voulvoulis，2015）。

#### （2）曝气复氧

20 世纪 50 年代，曝气复氧技术已被美国、德国等发达国家作为一种见效快、无二次污染的河流治理技术被采用（Murdock，1950）。该技术通过曝气装置将空气或氧气输入水体底部（Foladori et al.，2013），以提高水体中溶解氧浓度，增强水中好氧微生物的活性，提高有机污染物的分解速度，有效缓解致黑污染物的负荷（Gu et al.，2015）。该方法见效快、建设成本低，但是需要耗费大量的电力且不利于污染物质的沉积，在能源短缺的地区并不适用。Yu 等（2008）对河道底泥曝气发现，底泥中 95.7% 的无机硫可随着曝气被释放进水中并被氧化，而底泥中 Cu、Pb 和 Zn 的削减量可达到 80%～95%。曝气复氧法对设备和能耗的要求较高，使用时必须全天不间断曝气，因而其应用受到限制，尤其在一些能源短缺和偏远地区。

#### （3）化学混凝

化学法较常用的为强化混凝，即向水体投加过氧化钙、硝酸钙等化学试剂作为电子受体以提高黑臭水体的氧化还原电位，利用氧化、沉淀、絮凝的化学原理生成钙类硫化物，使水体中的硫化物得以去除，且抑制 $S^{2-}$ 的生成和积累。该方法不仅可以降低水体色度，还可以去除土臭味素等致味物质从而减轻水体臭味（刘树娟等，2012；陈磊等，2013）。化学混凝法需要投加大量的化学药剂，形成的沉淀物仅仅是从水中沉降至底泥中，无机硫只是发生介质的转移，对整个水体而言并未实现真正的去除。陶亮亮等（2011）采用氧化絮凝法，对制革含 $S^{2-}$ 废水进行了综合处理，硫化物去除率可达 98% 以上，消除了硫化物的污染，抑制了水体黑臭现象。该方法短时间内效果显著，但是容易产生二次污染（白娜，2018）。

### 1.3.3.3　生态修复

（1）水生植物修复

利用水生植物的吸附固定、分解转化、拦截等削减作用降低水体中的污染物，常用于富营养化水体和重金属污染水体的治理与修复（Salt et al.，1995；刘晓玲等，2019）。利用水生植物修复技术治理黑臭水体，对于维系水利工程传统功能、保护河流生态系统、改善人居环境和强化文化景观均具有重要意义。目前，较常用的水生植物修复法主要有生态浮岛、人工湿地等。沙昊雷等（2016）利用水生植物（金鱼藻）净化黑臭河水，结果表明，金鱼藻可较好地处理黑臭河水，其对 COD、$NH_4^+$-N、TP 等的去除率均超过 75%；Chen（2012）在夏季利用水生植物（睡莲）净化城市黑臭河水，结果表明，睡莲可较好地适应黑臭河水环境，并且其中的 COD、TN、$NH_4^+$-N、TP 等的去除率均超过 60%。Rai 等（2015）通过种植芦苇、香蒲和芋头等植物处理城市污水，发现这些植物可较好地去除水中的 Pb、Cu、Zn、Co、Mn、Ni 等重金属，去除率达 50%~90%。利用植物修复技术治理黑臭水体，具有标本兼治、运行成本低、美化环境等优点（白娜，2018），对改善人居环境和强化文化景观均具有重要意义。但水生植物易受大风、寒冷等气候的影响，因而其对致黑污染物的处理效果易受影响，使得该方法的应用具有一定的局限性。Shah 等（2015）考察了多种水生植物对河流的修复潜力，发现凤眼莲、黄花、凤眼蓝、罗式轮叶黑藻和菰均具有较强的重金属去除潜力。

1）人工湿地。人工湿地是指通过模拟天然湿地的结构与功能而人为设计与建造的生态系统。在人工湿地中，填料与植物组成的生态系统可吸附或降解氮磷等污染物，达到净化水质的目的。人工湿地占地面积大，适用于封闭、半封闭水体的水质净化和生态恢复。该技术的处理效率在一年中差异较大，特别是在冬季寒冷季节，湿地对水质的净化效果明显降低。此外，在人工湿地长时间运行后，还需疏通进、出水管道，避免造成堵塞淤积后使水体中污染物负荷过大，影响生态系统处理效率。

2）生态浮岛。生态浮岛又称人工浮床、人工浮岛、生态浮床，将无土栽培技术和植物吸收净化技术结合，对浮岛植物根系周围的污染物进行吸收降解，最终可达到美化景观和净化水质的效果。它能使水体透明度大幅度提高，同时使水质指标得到有效的改善，特别是对藻类有很好的抑制效果。生态浮岛对水质净化最主要的功效是利用植物的根系吸收水中的富营养化物质，如 TP、$NH_4^+$-N、有机质等，使得水体的营养得到转移，减轻水体封闭或自循环不足带来的水体腥臭、富营养化现象。

（2）微生物固定化技术

微生物固定化技术起源于 20 世纪 50 年代，主要由固定化酶技术改进演变而来（工建龙，2002）。微生物固定化是将优化培养的游离态高效降解菌剂利用物理或化学方法固定在载体材料上，减少环境对微生物的影响，保持较高的活性，能反复利用。目前，水体黑臭现象是中国日益突出的重大水环境问题之一，而微生物固定化技术因其独特的优势引起人们的广泛关注，利用微生物固定化技术处理黑臭水体成为研究和应用的热点。在实际黑臭水体的治理中，相对于传统的游离态微生物，固定化微生物具有较多优势，如环境耐受性较好、启动反应速度快、微生物流失率小、处理效果持久等（Bokhamy et al.，1994）。

固定化载体材料的选择对固定化微生物的稳定性、传质性、环境耐受性等有重要影响。虽然微生物种类、污染物种类等各不相同，但是对于固定化载体的选择总体要求为无毒、吸附性强、机械强度高、传质性能好、成本低、无二次污染等（代小丽等，2017）。目前，固定化载体材料主要分为四类，分别为无机载体、天然高分子凝胶载体、有机高分子凝胶载体和复合材料与新型载体材料。各种载体材料的特性如表 1-3 所示。常用的固定化无机载体有微孔玻璃、沸石、煤渣和焦炭等，前人大量研究表明，沸石相比于其他无机载体，对 $NH_4^+$-N 具有更加显著的去除效果（Chang et al.，2009；Markou et al.，2014）。近年来，使用沸石处理废水中的 $NH_4^+$-N 成为研究的热点。目前，关于不同类型沸石的吸附研究以改性为主（Tavares et al.，2006；王桢等，2013），而针对人造沸石的研究则相对少见。

表 1-3  载体材料分类与特性

| 载体类型 | 代表物质 | 优点 | 缺点 |
|---|---|---|---|
| 无机载体 | 微孔玻璃、沸石、煤渣、焦炭、氧化铝、多孔陶瓷、砖粒、高岭土、硅藻土等 | 无毒、机械强度高、抗微生物分解、耐酸碱、稳定性好、成本低、寿命长 | 无机材料表面官能团较少，与微生物亲和力有限 |
| 天然高分子凝胶载体 | 琼脂、琼脂糖、海藻酸盐、角叉菜胶等 | 对生物无毒、传质性能较好、材料易得、成本低廉 | 强度较低，在厌氧条件下易被生物分解 |

| 载体类型 | 代表物质 | 优点 | 缺点 |
|---|---|---|---|
| 有机高分子凝胶载体 | 聚丙烯酰胺、聚乙烯醇、聚苯乙烯、聚亚安酯等 | 可塑性较强、应用广泛、强度较大、抗微生物腐蚀 | 传质性能较差，易造成细胞失活 |
| 复合材料与新型载体材料 | 有机材料和无机材料复合组成的新型载体材料 | 兼具有机载体和无机载体的优点 | 制备要求高，制备费用高 |

在黑臭水体治理工程中，陈伟燕等（2018）采用以微生物固定化为核心技术的 Pureboat 生态船对黑臭河塘进行原位修复。在工程化治理45天后，COD、$NH_4^+$-N、TP的去除率分别为43.04%、77.42%、15.04%，透明度由12.5cm升至46.0cm，有效消除水体黑臭现象；尹莉等（2018）通过微纳米包埋的固定化方法，将枯草芽孢杆菌、假单胞菌、甲烷菌及微量元素复配包埋至载体材料内，制成固定化微生物颗粒用于处理深圳某黑臭河道水体，结果表明其对COD、$NH_4^+$-N和TP都有较好的去除效果，其中对$NH_4^+$-N的去除率高达94.5%；邸攀攀等（2015）在黑臭河塘中横向每9m挂10个固定化微生物膜装置，反应17天后水体透明度显著提高，且固定化微生物对COD、$NH_4^+$-N的削减效果比较好。

（3）微生物法

微生物法对黑臭水体的修复主要通过原位直接投加微生物菌剂、异位微生物修复、投加微生物促生剂等措施实现，利用微生物氧化还原、反硝化等功能降低黑臭水体中的污染物浓度。Yu等（2008）利用活性污泥中有较高降解性能的土著菌治理黑臭水体，COD、$NH_4^+$-N和TP的去除率可分别达到89.2%、92%和71%；叶姜瑜等（2012）从黑臭底泥中分离出一株不动杆菌用于治理黑臭水体，COD和$NH_4^+$-N的去除率可分别达92%和72%，色度得到有效改善；徐熊鲲等（2017）将从黑臭底泥中筛选出的土著微生物功能菌HC-1用于黑臭水体的修复研究，实验15天后，上覆水体中COD、$NH_4^+$-N和TP去除率分别达到67.6%、71.6%和92.2%。相比物化法，微生物法因投资少、无二次污染、操作简单等优点而被广泛用于黑臭水体治理工程中（Chen et al.，2012；Semrany et al.，2012）。

（4）生物操纵技术

生物操纵技术始于1975年，该技术通过对水生生物群及其栖息地的一系列调节，增强其中的某些相互作用，促使浮游植物生物量下降。该技术多用于富营养化水体修复或控制水体中藻类生物量，提高水体透明度，改善水质（Moss，1991）。Kozak等（2015）考察了食物链作用对马耳他水库中浮游植物的影响，发现浮游植物丰度与滤植性浮游动物数量呈负相关，而与肉食性浮游动物数量及 $NH_4^+$-N、部分磷盐含量呈正相关。Mazzeo 等（2010）考察了石斑鱼对浮游植物生物量和水体透明度的影响，结果显示石斑鱼的投放对于改善浮游动物丰度和水体透明度具有显著作用，这为亚热带和热带地区湖泊水体的生物修复提供了一种可能的手段。虽然该技术对于改善水质及生态环境有显著效应，但是在具体实施中仍需要开展大量深度调研工作，以防止引起如物种入侵、食物链破坏等新的生态问题（Lin et al.，2015；Dunalska et al.，2015）。

### 1.3.3.4 补水活水

（1）引水调水

引水调水是引用较清洁的水并加大水量对黑臭水体进行冲刷和稀释，提高水体的流动性，使水体复氧，增强水体自净能力。这种方法不仅可以降低水体中致黑污染物的浓度，对降低 COD、$NH_4^+$-N 和 TP 等的浓度亦具有明显效果（童朝锋等，2012）。然而，该方法治标不治本，只能暂时降低致黑污染物的浓度，且工程量巨大，水资源需求量高，对地理条件要求极高（薛欢，2007）。

（2）再生水补给

再生水补给是指污水经过处理并达到再生水水质要求后，将其排入治理后的城市水体中，以增加水体流量。再生水补给对缓解水资源紧缺和减少污水二次污染具有重要意义，在景观水体的富营养防治中运用较为广泛（刘韵琴，2013）。然而，再生水水质一般最好也就达到地表水Ⅳ类标准，再生水水质与河流水质差值有限，几乎没有环境容量，面对沿途点源和面源污染，河流水质将面临再次恶化的风险。

（3）活水循环

活水循环技术关键在于"循环"，即清水的补充速度以及水体水力的有效停留时间。该技术适用于水体置换周期长、流速缓慢、封闭或半封闭的水体治理与水质长效保持。在应用活水循环技术治理黑臭水体过程中，采用的方案应符合当地水利规划并与周边环境相协调。同时，应当依据现有的水质状况及需控制的目标，通过流场、水质数值模拟等方法合理设置方案。

### 1.3.3.5 治理技术比较

控源截污、内源削减、生态修复及补水活水等技术类型的特点、应用案例及成效分析与比较由表1-4所示。由表1-4可见，每种技术及措施各有特点。例如，截污纳管技术是控源截污的主要措施。该技术通过收集雨水、污水，从源头上削减污染物的直接排放，达到显著减少入河污染物的目的。当底泥中的污染物向外释放并显著影响水质时，可采用底泥疏浚技术。该技术通过将底泥中的污染物迁移出水体，实现快速降低水体内源污染负荷的目的。底泥疏浚技术适合于底泥污染严重水体的初期治理。微生物法可快速促进黑臭水体中的污染物分解和转化，提升水体的自净能力。但是，单一的微生物法并不能从根本上解决黑臭问题。水生植物修复作为一种水体净化技术，适合于黑臭水体治理的水质改善和生态修复阶段。但是，该技术在冬季低温季节对水中污染物的去除效果甚微，且需定期打捞和清理，以避免植物残体发生腐烂而向水中释放污染物和消耗水体氧气。引水

表 1-4　黑臭水体治理主要技术（措施）特点

| 技术类型 | 主要技术及措施 | 特点 | 应用案例 | 成效 | 参考文献 |
|---|---|---|---|---|---|
| 控源截污 | 截污纳管 | 可对雨水、污水分流处理，减轻污水处理厂处理负荷，减轻城市内涝。但是管网构建工程量大，管道维护保养困难 | 琵琶湖 | 水质好转，相当于我国地表水质的Ⅱ类标准，透明度达到6m以上 | Nakano 等（2005） |
| | 面源控制 | 可控制雨水径流中含有的污染物含量，减少外源污染负荷。但是设计困难，且不易在农村推广 | 滇池 | COD、$NH_4^+$-N 和 TP 年削减入湖量为7840kg、650kg 和 20kg | 李跃勋等（2009） |
| 内源削减 | 底泥疏浚 | 可削减底泥中致黑污染物对水体的污染负荷。但是工程庞大，资金需求大，需考虑对底泥的二次处理 | 苏州河 | 黑臭现象消除，河段的主要水质指标逐渐转好，稳步改善，达到了地表水Ⅴ类（景观水）的标准 | Zhong 等（2010）；Guerrero 等（2015）；Manap 和 Voulvoulis（2015） |
| | 曝气复氧 | 易于实施，无二次污染。但是对设备和能耗要求高，不适用于能源短缺和偏远地区 | 泰晤士河 | 总污染负荷减少了90%，枯水期 DO 最低点仍然保持在饱和状态的约40%，至今仍然风景秀美 | Nakano 等（2005）；Ibrahim 等（2015）；Lin（2015） |
| | 化学混凝 | 可明显改善水体色度。但是药剂成本高，用量大，形成的沉淀加重了对底泥的污染负荷 | 深圳河 | 酸挥发性硫化物去除率达到92%，且可有效避免硝酸钙向上覆水体释放 | 刘树娟等（2012）；钱小燕等（2012） |

| 技术类型 | 主要技术及措施 | 特点 | 应用案例 | 成效 | 参考文献 |
|---|---|---|---|---|---|
| 生态修复 | 微生物法 | 操作简便，见效快，投资少。但是微生物用量大，且微生物效能易受自然环境条件影响 | 磁湖 | 短期内水体透明度逐步增加并趋于稳定。水体脱氮效果明显，对磷有一定的矿化效果，但是需要定期投加微生物 | Silva 和 Alvarez（2010）；Semrany 等（2012）；Sheng 等（2013） |
| | 水生植物修复 | 有利于维系水利工程传统功能、保护河流生态系统、改善人居环境和强化文化景观。但是显效时间长，修复植物的后期处置问题难以解决 | 玄武湖 | 水体透明度提高，藻类生长受到抑制，叶绿素含量下降87.6% | Salt 等（1995） |
| | 生物操纵技术 | 可有效净化污染水体中的营养物质，实现底泥稳定，控制藻类过量增殖，调控藻类群落结构，实现水体由浊水稳态向清水稳态的转化。但是容易引起如物种入侵、食物链破坏等问题 | 太湖 | 太湖水质明显改善，浮游植物最大去除速率为0.73 L/（g·h） | 郭瑾和王淑莹（2007） |
| 补水活水 | 引水调水 | 显效快，可提高黑臭水体自净能力。但是工程量巨大，水资源需求量大，对地理条件要求极高 | 清溪川 | 黑臭现象消除，改造后的清溪川水质达到了韩国2类标准，至今仍然是首尔的著名休闲旅游景点之一 | 方东等（2001）；耿荣妹等（2016） |
| | 再生水补给 | 适用于缺水城市或枯水期的污染水体治理后的水质长效保持。但是再生水水质与河流水质差值有限，几乎没有环境容量 | Truckee 河 | 下游水水质得到明显改善 | 柯志新（2008）；柯志新等（2011） |
| | 活水循环 | 通过提高水体流速，提升水体复氧能力和自净能力，达到改善水体水质的目的 | 上海市中心城区某河道 | 水体达到了地表水Ⅳ类标准，水面清澈透明 | 聂俊英和邹伟国（2017） |

调水技术通过引进水质较好的地表水对污染水体进行补水，促进污染物的扩散，实现水质的改善。该技术是黑臭水体治理的一个补充措施，对治理区域水量要求较高。总而言之，这些技术及措施在实际黑臭水体治理过程中可从不同方面部分消除水体黑臭，达到改善水质的目的。但是，现有的工程案例证明黑臭水体治理及良好水质长效保持仅仅依靠单一的技术手段是难以实现的。

## 1.3.4　黑臭水体源解析技术

污染物源解析最早起源于对大气污染物的研究，近年来逐渐应用到水环境及土壤等研究领域，主要针对的污染物是有机质与金属。水环境中污染物的源解析模型主要有多元统计模型、化学质量平衡模型、成分和比值分析模型等（表 1-5）。

表 1-5　水环境源解析模型比较

| 模型 | 优点 | 局限性 |
| --- | --- | --- |
| 多元统计模型 | 应用简单，不需要事先对研究区域污染源进行监测；利用一般的统计软件便可计算；不用事先假设排放源的数目和类型，排放的判定比较客观；能够解决次生或易变化物质的来源，能利用除浓度以外的一些参数；该法的各方法之间可以相互组合，聚类分析和因子分析也可以相互印证；可以与地统计学和 GIS 相结合，为某区域提供污染物排放源分布图及贡献强度的数据 | 该模型不是对具体数值进行分析而是对偏差进行处理，如果某重要排放源比较恒定，而其他非重要源具有较大的排放强度变异，可能会忽略排放强度较大的排放源，在实际中一般鉴别出 5~8 个因子，如果重要排放源类型>10，这种方法不能提供较好的结果 |
| 化学质量平衡模型 | 从一个受体样品的分析项目出发就可以得到结果，可以避免大量的样品采集所带来的资金等方面的压力；能够检测出是否遗漏了某重要排放源，可以检验其他方法的适用性 | 要求经常监测排放源样品和受体样品，列出排放清单，不断更新本地区排放源成分谱；该模型假设从排放源到受体之间，排放的物质组成没有发生变化，而实际上某些物质并不满足该条件；排放源的选择存在主观性和经验性；在多来源体系中，解析结果与实际情况比较吻合，但是该模型对排放源物质成分线性独立的要求很难满足；同一类排放源排放的成分是有差别的，同一排放源在不同时间排放的物质也不同，而该模型没有加以区别 |
| 成分和比值分析模型 | 可定性地描述多环芳烃（PAHs）的来源种类 | 多用于 PAHs 的源解析，对其他污染物的源解析能力不如上述两种 |

多元统计模型，其原理是利用观测信息中物质间的相互关系来产生源成分谱或产生暗示重要排放源类型的因子，主要包括因子分析法及其相关技术（主要为主成分分析）、多元线性回归法等。该模型曾被用于中国澳门海滨多环芳烃（PAHs）、密尔沃基市港口沉积物多氯联苯（PCB）及辽河流域金属污染物的源解析。

化学质量平衡模型，其基础是质量守恒，即污染源的组分与采样点污染物的组分呈线性组合，是由 Miller 和 Winchester 等独立提出来的（Gleser，1997），在污染物源解析中的应用已超过 30 年，被美国国家环境保护局定为源解析的标准方法，并开发出了相应的应用软件包。该模型多应用于水体、沉积物等介质的研究，主要集中在沉积物中污染物的源解析方面，已成功应用于卡柳梅特湖（Calumet Lake）（Jang，2001）、密西西比河流域丕平湖（Pepin Lake）（Kelley and Nater，2000）、布莱克湖（Black River）（Gu et al.，2003）、威斯康星河格林湾（Su et al.，1998）、黄河口及莱州湾等水体沉积物的 PAHs 源解析中（刘宗峰，2008）。

成分和比值分析模型，其思路是根据污染物产生途径的差异，将其进入环境的途径进行分类，再根据每一种途径独特的成分和比值进行污染物源解析。该模型在流域水环境 PAHs 定性源解析中应用较多，也是目前 PAHs 源识别的最主要方法。

# 1.4  我国城市黑臭水体治理发展趋势

## 1.4.1  我国城市黑臭水体治理的现状

根据住房和城乡建设部、生态环境部"全国城市黑臭水体整治信息发布"监管平台数据，截至 2017 年 10 月，全国 295 个地级及以上城市中共有 224 座城市排查确认建成区黑臭水体 2100 个。按照监管平台所得信息将水体类型分为"河""湖""塘"3 类。在 2100 个黑臭水体中，水体为"河"的 1790 个，占85.2%，总长度约为 7800km；水体为"塘"的 204 个，占 9.7%，总面积约为28km²；水体为"湖"的 106 个，占 5.1%，总面积约为 160km²（李斌等，2019）。除西藏没有黑臭水体外，全国其余地区都存在不同数量的黑臭水体。华南沿海、东部及中部等经济较发达地区黑臭水体分布较多，总体呈现南多北少、东中部多、西部少的特点。

党中央、国务院及相关部门高度重视城市黑臭水体治理工作，自 2015 年起接连出台了一系列政策和文件，提出了黑臭水体治理工作相关要求与行动计划等。2015 年 4 月，国务院正式颁布《水污染防治行动计划》，提出总体要求。2016 年，国务院印发的《"十三五"生态环境保护规划》，再次明确要求"大力整治城市黑臭水体"；中共中央办公厅、国务院办公厅 2016 年印发的《关于全面推行河长制的意见》，也将"加大黑臭水体治理力度"列为河长的主要任务之一。

第十二届全国人民代表大会常务委员会第二十八次会议通过的新修订的《中华人民共和国水污染防治法》中亦规定，"县级以上地方人民政府应当根据流域生态环境功能需要，组织开展江河、湖泊、湿地保护与修复，因地制宜建设人工湿地、水源涵养林、沿河沿湖植被缓冲带和隔离带等生态环境治理与保护工程，整治黑臭水体，提高流域环境资源承载能力。"

在中共中央、国务院 2018 年印发的《关于全面加强生态环境保护坚决打好污染防治攻坚战的意见》中，将"打好城市黑臭水体治理攻坚战"作为打好碧水保卫战的主要内容之一。为进一步扎实推进城市黑臭水体治理工作，巩固近年治理成果，加快改善城市水环境质量，2018 年 9 月，住房和城乡建设部与生态环境部联合发布了《城市黑臭水体治理攻坚战实施方案》，提出治理目标"到 2018 年底，直辖市、省会城市、计划单列市建成区黑臭水体消除比例高于 90%，基本实现长'制'久清。到 2019 年底，其他地级城市建成区黑臭水体消除比例显著提高，到 2020 年底达到 90% 以上。鼓励京津冀、长三角、珠三角区域城市建成区尽早全面消除黑臭水体。"并明确要求"加快实施城市黑臭水体治理工程"，采取控源截污、内源治理、生态修复、活水保质等措施治理黑臭水体，建立长效机制，强化监督检查，落实后续保障措施，并鼓励公众积极参与到城市黑臭水体治理工作中。

自 2018 年起，为贯彻落实《水污染防治行动计划》及相关政策文件要求，生态环境部联合住房和城乡建设部开展了多轮次地级及以上城市黑臭水体整治专项行动，按照排查、交办、核查、约谈、专项督察"五步法"，形成地市治理、省级检查、国家督查三级结合的专项行动工作机制，督促并帮扶地方开展黑臭水体整治工作。

截至 2018 年 5 月，通过地方上报、公众举报、卫星遥感监测与地方核实相结合等手段，在全国 295 个地级及以上城市范围内，共排查确认黑臭水体 2100 个，其中 36 个重点城市（直辖市、省会城市、计划单列市），共排查确认黑臭水体 676 个。在督察中经核查与评估，确认其中 629 条已完成黑臭水体整治工作，占总数的 93.0%（李斌等，2019）。

经过各方多年的努力，城市黑臭水体整治工作取得阶段性成效。根据生态环境部发布的《2019 年度〈水污染防治行动计划〉实施情况》，截至 2019 年底，全国 295 个地级及以上城市 2899 个黑臭水体中，已完成整治 2513 个，消除率为86.7%，其中 36 个重点城市（直辖市、省会城市、计划单列市）消除率为96.2%，其他城市消除率为 81.2%，昔日"臭水沟"变成今日"后花园"，周边群众获得感明显增强。

## 1.4.2  我国城市黑臭水体治理中的主要问题分析

改革开放以来，中国经济迅速发展，但基础设施的建设却远远赶不上经济发展的速度，历史欠账较多，城市黑臭水体治理的根本就是逐步补齐城市基础设施短板。经过多年的治理，我国水环境质量得到初步改善，城市黑臭水体数量有减少趋势，但全国治理任务仍十分艰巨，城市黑臭水体治理过程中仍存在较多问题，主要体现在以下 5 个方面。

（1）控源截污落实不到位，城市排水系统不健全，雨天溢流现象突出

1）排水管网运维机制不完善。污水主干管道、分支管道和入户管道存在多头管理现象，责任落实不到位，错接混接现象普遍，缺乏长期有效监管。部分城市存在雨污管错接混接等问题，存在雨水口旱天排污现象。

2）合流制溢流污染问题突出。多数城市合流制管网截流倍数偏低，源头雨水减量不够，溢流口普遍缺乏自动控制设施，造成合流制区域频繁溢流，多雨地区尤为突出。

3）污水收集及处理能力不足。部分城市污水收集能力不足，存在生活污水未接入截污管网、污水直排入河等问题，尤其是城中村和老旧城区排水管网不完善，收水能力不足，污水直排。部分城市污水处理能力不足，存在污水处理设施出水水质不达标、超负荷运行等问题。

（2）底泥污染治理不规范，二次污染风险较高

1）底泥清淤缺乏科学指导。相当部分涉及底泥治理的水体未进行底泥污染调查评估，导致清淤不足或过度清淤等问题，有些黑臭水体治理后依然存在翻泥现象。

2）清淤底泥转运过程监管不到位。部分城市清淤底泥运输过程未建立台账，或底泥转运过程多次转手，缺乏有效监管。

3）清淤底泥处理处置不规范。相当一部分水体的清淤底泥未安全处置，表现为多数清淤底泥未进行检测，或清淤底泥重金属超标，但未按相关规范开展危险废物鉴定和处理处置工作，存在二次污染隐患。

（3）垃圾清捞处理不到位，保洁长效管理未建立

1）河岸存在随意堆放垃圾问题。部分黑臭水体蓝线范围内存在非正规垃圾

堆放点或正规垃圾堆放点超范围堆放，垃圾、垃圾渗滤液随雨水入河，造成污染；日常监管不到位，收集转运不及时，存在垃圾清运车清洗废水直排入河、沿岸违规倾倒或堆放垃圾问题。

2）河面漂浮物及河底垃圾未清理。部分河面漂浮物清理工作不到位，河面存在大面积漂浮物；沿河管护不到位，垃圾倾倒入河。

3）建筑垃圾无序堆放。多个黑臭水体蓝线范围内存在堆弃残留的大量建筑垃圾，有些混杂生活垃圾。

（4）部分城市治理方案科学性有待提高，工程措施针对性不足

1）水体黑臭成因识别不清。多数黑臭水体未按照《城市黑臭水体整治工作指南》的要求开展污染源调查和环境条件调查工作，存在调查不够细、底数不够清的问题，未能精准识别水体黑臭成因。

2）主体工程针对性不强。部分城市未按照黑臭水体整治目标设置主体工程，或主体工程未针对主要污染问题，导致治理效果未达预期，返黑返臭的风险较高。

3）缺乏跨市跨区统筹治理机制。存在跨市跨区的黑臭水体按行政区分段治理的现象，治理方案缺乏系统性和统一性，导致上下游、左右岸治理不同步、不协调。

（5）污染防治理念不合理，利用河道治污现象普遍

1）未实质开展控源截污。黑臭水体的治理应坚持流域统筹、系统治理、标本兼治，按照控源截污、内源削减、生态修复、水质净化、活水增容五位一体的治理思路。部分城市黑臭水体治理只做表面文章不从根本上解决问题。沿岸污水未经截流控制，直排入河，仅在河道内采取曝气等简易措施处理污水，未能有效降解或去除水体污染物。

2）生态修复措施不科学、不规范。部分城市不注重河道自然生态恢复，过分强调人工措施。例如，用生态浮岛覆盖河面，严重影响水下生物正常生长，并对河道行洪能力造成负面影响。

3）滥用药剂、菌剂。在黑臭水体治理中大量使用药剂、菌剂，且未评估是否对水环境和水生态系统产生不利影响。

## 1.4.3　我国城市黑臭水体综合治理的发展方向

城市黑臭水体是目前较为突出的生态环境问题，有效治理黑臭水体是构建生态文明社会，推动绿色发展、建设美丽中国、改善人民群众生活质量进程中不可或缺的环节。目前，我国黑臭水体的治理虽取得了阶段性进展，但距"水清岸

绿、鱼翔浅底"的美好愿景还有一定距离。结合目前我国城市黑臭水体治理的整体情况与存在的问题,后续在进行城市黑臭水体综合治理时,针对不同的水体特征,推演其黑臭的本质,进而提出针对性的整治措施;应加强对城市黑臭水体治理技术的研究,针对水体主要的致黑致臭因子,积极采用多种组合技术进行治理,避免水体返黑返臭;将水体治理与城市生态环境建设相结合,形成经济-环境-效益可持续的整治技术体系;应完善相关法律法规,实行责任制,加强管理和监督,维护河流治理成效(蒲云辉等,2020)。黑臭水体治理相当复杂,注定治理过程问题多多、困难重重,有些问题甚至积重难返。破解黑臭水体治理困局,必须以系统化、生态化和智慧化为引领(陈向国,2018)。

(1)结合海绵城市理念,顶层设计

水体黑臭只是环境问题的表象,很多污染源甚至来源于空气、垃圾等,如果不追根溯源医治病因,就无法真正改善水体黑臭问题。例如,初期雨水污染来自汽车尾气、道路扬尘、管道灰尘等,如果初期雨水直排河流,就会影响河道水质;同样,垃圾堆放不合理、清运不及时,随大雨入河,同样会影响水环境质量。黑臭水体的治理,首先要找到引起污染的真正原因,做好源头控制,优先考虑避免污染的产生。黑臭水体治理涉及自然、工程技术、经济、管理等多学科知识,是一项艰巨的系统工程,因此必须结合海绵城市理念对黑臭水体治理进行全面分析、系统规划,坚持"标本兼治"原则,按照"控源截污、内源治理、生态修复、活水保质"的系统思路和综合方案解决问题,从根本上消除黑臭水体,使水质持续改善、长效保持(王谦和高红杰,2019)。目前采取的"一河一策"是远远不够的,至少要"一域一策",即整个汇入河流的汇水区域要整体考虑,制定整体规划、相应对策。

(2)秉承生态施治思路,标本兼治

目前,我国黑臭水体治理只是初见成效,要实现"水清岸绿,鱼翔浅底",必须将工程与自然净化有机结合,按照"道法自然"的生态治理理念,真正落实海绵城市建设思路,坚持工程技术和治理过程的生态化,在自然资源全面节约和循环利用的原则下,达到治理效果的生态化,最终实现水生态平衡与恢复、人与自然和谐共生。"道法自然"的生态施治,需要在控源截污、内源治理、生态修复、补水活水的每一个环节考虑设计理念的生态化、技术手段的生态化以及治理过程的生态化,以达到最终施治效果的生态化。简单采用工程的方法整治黑臭水体,投资充分到位的时候,成效很快就显现出来,但很容易反复;情况糟糕的时候,成效不明显。而完全把治理交给自然、生态,让其自然净化,则时间太长。因此,黑臭水体治理采用生态工程的方法,简单说就是必要的工程与自然净化相结合的方法。这种治理方法尊重自然、尊重规律,只有这样,才能标本兼治。

（3）建立智慧化管理体系，长效保障

黑臭水体的综合整治需要跨越多部门行政体系，要达到水体的长"制"久清，治理措施与配套有效管理机制不可分割，智慧化管理体系是未来黑臭水体长效管理机制的目标，通过建立智慧水务大数据管理技术体系与平台，实现可视化、信息化、数据化、智能化、高效化的"智慧管理"。总体上看，我国黑臭水体治理急于求成，重视短期成果，忽视长效维持；治理工程不断增加，但科学合理的绩效评估体系尚未构建。而长效维持、科学合理的绩效评估离不开面向未来的"智慧管理"。具体来讲，一是水与空气、山林、土壤、动植物、人类整体系统是一个生命共同体，是流淌的生命，同时又孕育着生命、承载着文明、传承着文化。二是水生命的成长是面向未来的，但未来隐藏着诸多不确定性，如不确定的天气和气候、不确定的行业行为、不确定的政治环境等。水生命与这么多不确定因素"打交道"，没有"智慧"难以招架。三是河长制对黑臭河流治理产生积极的正向效应的同时，出现管理和责任的层层下移分解造成的治理碎片化问题。解决这个新问题需要互联互通技术，将碎片重新互联为整体，实现共享，使局部效益与整体效果均达到理想的治理效果。

# 第 2 章　黑臭水体常规水质特征

## 2.1　材料与方法

### 2.1.1　研究区域与采样点设置

以沈阳市黑臭水体为研究对象，对典型黑臭水体水质特征进行研究。根据 2016 年全国黑臭水体普查结果，于 2016 年 10 月选取沈阳市内 5 条典型黑臭水体，包括浑河 2 个主要支流（支流Ⅲ和支流Ⅳ）、细河 2 个支流（支流Ⅱ和支流Ⅴ）、蒲河 1 个支流（支流Ⅰ）作为研究区域。采用 GPS 定位系统，对 27 个采样点进行现场水样采集。

### 2.1.2　样品采集与现场检测

水质采样使用标准采样器，从水面至水下 50cm 处采集水样，每个采样点采集表层水 3~4L。将水样收集到洁净的容器中，并记录点号，运回实验室，冷冻避光保存用于常规水质指标的测定。现场测量水温（℃）、DO（mg/L）、SD（cm）、ORP（mV）、浊度（NTU）等水质参数。DO、水温由美国维赛 YSI550A 溶解氧测定仪测量；SD 采用塞氏盘（>330mm）和 TDJ-330 型透明度计（<330mm）测量；ORP 由 CT-8022 笔式 ORP 计测量；NTU 采用美国奥利龙 AQ3010 浊度仪测量。图 2-1 为野外采集水样和现场测量水质参数的情况。

### 2.1.3　测定方法

水质参数测量包括叶绿素 a(Chl-a)(mg/L)、总悬浮物（TSM）(mg/L)、有机悬浮物（OSM）(mg/L)、无机悬浮物（ISM）(mg/L)、$NH_4^+$-N(mg/L)、TN(mg/L)、TP(mg/L)、$S^{2-}$(mg/L)、$COD_{Cr}$(mg/L)、$BOD_5$(mg/L)、总有机碳（DOC）(mg/L)、Fe(mg/L)、Mn(mg/L)等。主要水质指标的测定均依据《水和

(a) 现场检测水质参数　　　　　　　　　　　　(b) 水样采集

图 2-1　野外测量现场

废水监测分析方法（第四版）（增补版）》。

　　$COD_{Cr}$ 和 $NH_4^+$-N 采用相应的哈希试剂快速测定。TN、TP 和 Chl-a 分别采用过硫酸钾氧化–紫外分光光度法、钼酸铵分光光度法和丙酮萃取–分光光度法测定。硫酸盐使用离子色谱测量；Fe 和 Mn 采用火焰原子吸收法测定；水样经过 0.45μm 的聚四氟乙烯滤膜过滤（美国，Millipore 滤膜），使用日本岛津（TOC-L CPH CN200）TOC 分析仪测量水中 DOC 的含量。

## 2.1.4　统计学分析

　　常见的统计学分析方法主要有相关性分析、聚类分析和主成分分析，通过对采样点各变量进行统计学分析来综合评价各采样点间水质污染相似性状况及远近关系，更直观地反映黑臭水体水质的空间分布特点。

　　相关性分析是研究两个或两个以上处于同等地位的随机变量间的相关关系的统计分析方法。通过绘制相关图表和计算相关系数，确定相关关系的存在，分析相关关系呈现的形态和方向，确定相关关系的密切程度。本研究采用 SPSS 19.0 对常规水质指标、Chl-a 与营养盐等进行相关性分析，分析不同水质指标间的相关性。

　　聚类分析指将物理或抽象对象的集合分组为由类似的对象组成的多个类的分析过程。聚类分析的目标就是在相似的基础上收集数据来分类，衡量不同数据源间的相似性，以及把数据源分类到不同的簇中。本研究通过对采样点进行聚类分析来综合评价各采样点间水质污染相似性状况及远近关系，以此更直观地反映黑臭水体水质的空间分布特点。

　　主成分分析是对于原先提出的所有变量，通过正交变换将一组可能存在相关性的变量转换为一组线性不相关的新变量，转换后的这组变量为主成分，而且这些新变量在反映水质指标特征的信息方面尽可能保持原有的信息。通过对整个流域的水质指标进行主成分分析，发现潜在因素，探究影响水质的主控因子。

# 2.2 常规水质特征

## 2.2.1 水质指标空间特征

5 条支流的 DO、$COD_{Cr}$、$BOD_5$、$NH_4^+$-N、TP、SD、$S^{2-}$、Chl-a、DOC 和 TN、ORP、Mn、Fe 等 13 项指标监测结果如图 2-2 所示。5 条支流 $COD_{Cr}$、$BOD_5$、DOC、$NH_4^+$-N、TN 和 TP 浓度变化趋势总体相同；①支流 I 和支流 II 浓度较高，$COD_{Cr}$ 平均值为 203.6mg/L，$BOD_5$ 平均值为 64.7mg/L，DOC 平均值为 21.9mg/L，$NH_4^+$-N 平均值为 25.4mg/L，TN 平均值为 40.7mg/L，TP 平均值为 4.9mg/L；②支流 III、支流 IV 和支流 V 浓度较低，$COD_{Cr}$ 平均值为 56.5mg/L，$BOD_5$ 平均值为 25.7mg/L，DOC 平均值为 5.2mg/L，$NH_4^+$-N 平均值为 8.57mg/L，TN 平均值为 23.9mg/L，TP 平均值为 2.3mg/L。与地表水 V 类水质相比，支流 I 和支流 II 的 $COD_{Cr}$、$BOD_5$、$NH_4^+$-N、TN 和 TP 平均浓度超标倍数分别为 3 倍、5 倍、11 倍、18 倍和 10 倍，支流 III、支流 IV 和支流 V 的 $COD_{Cr}$ 和 $BOD_5$ 平均浓度超标倍数小于 1，TN 和 TP 平均浓度超标倍数分别为 2 倍和 4 倍。

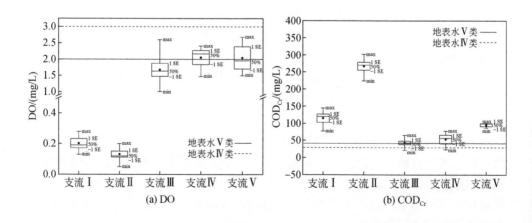

(a) DO  (b) $COD_{Cr}$

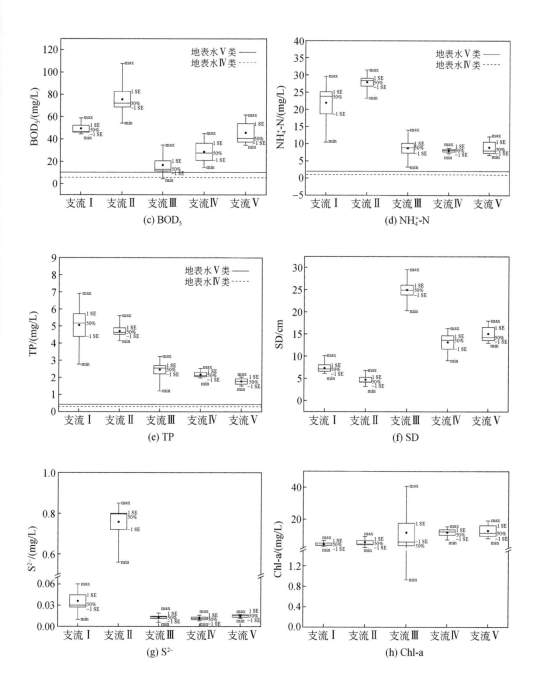

(c) BOD$_5$

(d) NH$_4^+$-N

(e) TP

(f) SD

(g) S$^{2-}$

(h) Chl-a

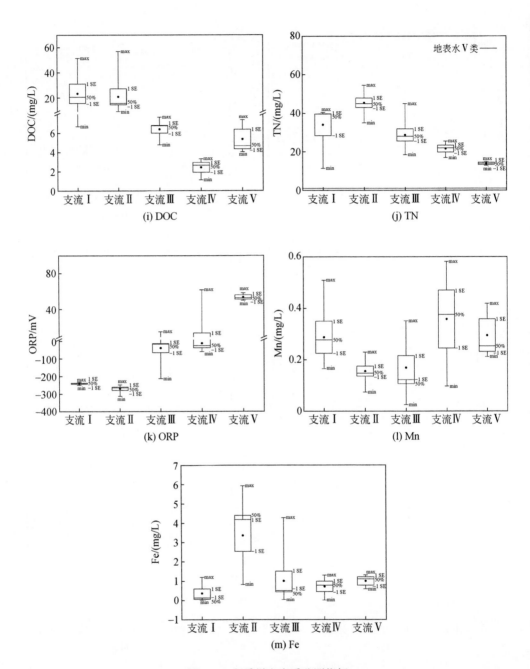

图 2-2　各采样点水质监测指标

5 条支流 DO 浓度范围在 0.05 ~ 2.68mg/L，均处于较低水平。5 条支流相比，支流Ⅰ和支流Ⅱ DO 浓度整体较低，平均值为 0.16mg/L；支流Ⅲ、支流Ⅳ和支流Ⅴ DO 浓度整体较高，平均值为 1.85mg/L。与地表水Ⅴ类水质要求的 DO 2mg/L 相比，5 条支流的 DO 浓度严重低于健康河流的浓度值范围。同时支流Ⅰ和支流Ⅱ SD 和 ORP 较低，SD 平均值为 5.8cm，ORP 平均值为 −257.4mV；支流Ⅲ、支流Ⅳ和支流Ⅴ SD 和 ORP 较高，SD 平均值为 19.8cm，ORP 平均值为 −13.7mV。DO、SD 和 ORP 均与 $COD_{Cr}$、$BOD_5$、DOC、$NH_4^+$-N、TN 和 TP 浓度有很强的负相关性，这说明黑臭水体中的污染物浓度越高，在降解和去除的过程中消耗的水中氧越多。DO 较低会使好氧微生物受到抑制，厌氧微生物大量繁殖，在分解有机质过程中产生大量的致黑致臭物质。

从 $S^{2-}$、Fe 和 Mn 监测情况来看，$S^{2-}$ 和 Fe 浓度最高的是支流Ⅱ，平均值为 0.76mg/L 和 3.4mg/L。在硫酸盐还原菌等的作用下，$Fe^{2+}$ 和 $S^{2-}$ 反应生成黑色沉积物 FeS。沉积于水底的 FeS 沉积物在厌氧分解产生的气体或气泡托浮作用下或者水体扰动情况下也会重新进入水体，再加上水体中微小的悬浮物质也会吸附一部分 FeS，致使水体呈现黑色。5 条支流的 Mn 浓度变化趋势稳定，均小于 1mg/L，符合地表水环境质量标准中相应要求。

《城市黑臭水体整治工作指南》明确了城市黑臭水体的分级及判定：当 DO<0.2mg/L，$NH_4^+$-N>15mg/L、SD<10cm、ORP<−200mV 时，河流属于重度黑臭；当 DO 在 0.2～2.0mg/L、$NH_4^+$-N 在 8～15mg/L、SD 在 10～25cm、ORP 在 −200～50mV 时，河流属于轻度黑臭。结合各支流的水质指标确定支流Ⅰ和支流Ⅱ为重度黑臭河流，支流Ⅲ、支流Ⅳ和支流Ⅴ为轻度黑臭河流。

## 2.2.2 水质指标相关性分析

（1）常规水质指标相关性分析

从水质指标相关性分析结果来看（表 2-1），DO 与 $NH_4^+$-N、TP、$COD_{Cr}$、$BOD_5$、$S^{2-}$、DOC 呈显著负相关，这几项指标均会消耗水中的氧，导致 DO 下降；DO 与 SD 呈显著正相关，表明 DO 越高，水体透明度越高，水质相对越好；DO 与 ORP 呈显著正相关，说明氧化还原电位对微生物的生长繁殖及存活有很大的影响，随着 ORP 的降低，各种微生物的活性随之发生改变。

$NH_4^+$-N 与 TP、TN、$COD_{Cr}$、$BOD_5$、$S^{2-}$、DOC 呈显著正相关，这几项指标主要与有机污染物和营养盐有关，在氧化分解中消耗水中的溶解氧，使水体发黑发臭。

黑臭水体受污染严重，Chl-a 浓度较低，与其他指标并无明显的相关性。Fe、Mn 主要与水体底泥有关，因此与其他指标相关性较低。

**表 2-1 各采样点水质指标相关性**

| 指标 | DO | $NH_4^+$-N | SD | ORP | TP | TN | $COD_{Cr}$ | $BOD_5$ | $S^{2-}$ | Chl-a | DOC | Fe | Mn |
|---|---|---|---|---|---|---|---|---|---|---|---|---|---|
| DO | 1 | | | | | | | | | | | | |
| $NH_4^+$-N | -0.867** | 1 | | | | | | | | | | | |
| SD | 0.679** | -0.757** | 1 | | | | | | | | | | |
| ORP | 0.817** | -0.799** | 0.694** | 1 | | | | | | | | | |
| TP | -0.835** | 0.891** | -0.665** | -0.789** | 1 | | | | | | | | |
| TN | -0.447* | 0.590** | -0.376 | -0.713** | 0.576** | 1 | | | | | | | |
| $COD_{Cr}$ | -0.733** | 0.844** | -0.781** | -0.722** | 0.670** | 0.491** | 1 | | | | | | |
| $BOD_5$ | -0.673** | 0.788** | -0.740** | -0.617** | 0.641** | 0.498** | 0.817** | 1 | | | | | |
| $S^{2-}$ | -0.626** | 0.740** | -0.635** | -0.673** | 0.505** | 0.515** | 0.932** | 0.732** | 1 | | | | |
| Chl-a | 0.044 | -0.142 | 0.122 | -0.263 | 0.038 | 0.318 | -0.238 | -0.206 | -0.268 | 1 | | | |
| DOC | -0.583** | 0.676** | -0.449* | -0.556** | 0.553** | 0.609** | 0.406* | 0.596** | 0.384* | 0.049 | 1 | | |
| Fe | -0.217 | 0.316 | -0.383* | -0.432* | 0.194 | 0.345 | 0.645** | 0.260 | 0.695** | 0.066 | -0.050 | 1 | |
| Mn | 0.122 | -0.112 | -0.148 | 0.082 | 0.006 | -0.022 | -0.198 | -0.119 | -0.301 | 0.267 | -0.183 | -0.057 | 1 |

** 在0.01水平（双侧）上显著相关；
* 在0.05水平（双侧）上显著相关

（2）Chl-a 与营养盐相关性分析

城市水体中存在着大量的浮游植物，浮游植物作为生产者可将水中的无机物通过光合作用转化为有机质。一方面，水中的营养物质氮磷是影响浮游植物光合作用的主要因素；另一方面，浮游植物在水体中存在的数量多少可间接影响水体中氮磷的含量。水体中的氮磷和浮游植物二者相辅相成，关系较为复杂。同时，Chl-a 作为光合作用中吸收和传递光能的主要色素，大量存在于浮游植物体内。前人研究表明，自然水体中 Chl-a 的对数值分别和 TN、TP 的对数值呈一定的线性关系，但由于水体的类型和污染程度的不同，线性回归方程存在一定的区别。本研究分别对 5 条支流 Chl-a 浓度与 TN、TP 浓度的对数值进行相关性分析，建立回归方程，分析结果见表 2-2 和图 2-3 所示。

支流 Ⅰ 和支流 Ⅱ Chl-a 与 TN、TP 浓度相关性很差。支流 Ⅰ Chl-a 与 TN、TP 的判定系数（$R^2$）为 0.156 和 0.033；支流 Ⅱ Chl-a 与 TN、TP 的判定系数（$R^2$）为 0.293 和 0.156。表明在重度黑臭水体中水体污染严重，Chl-a 浓度不仅受 TN、TP 浓度影响，可能还受其他一些浓度较高指标的影响，尤其是黑臭水体中存在的某些有毒物质，抑制了藻类的生长。

支流 Ⅲ、支流 Ⅳ 和支流 Ⅴ Chl-a 与 TN、TP 浓度总体上呈中度相关，支流 Ⅲ Chl-a 与 TN、TP 的判定系数（$R^2$）为 0.743 和 0.618；支流 Ⅳ Chl-a 与 TN、TP 的判定系数（$R^2$）分别为 0.682 和 0.570；支流 Ⅴ Chl-a 与 TN、TP 的判定系数（$R^2$）分别为 0.540 和 0.639。与重度黑臭水体相比，在轻度黑臭水体中 Chl-a 浓度与 TN、TP 浓度存在一定的相关性，但相关系数仍低于正常水体，说明轻度黑臭水体中的某些有毒物质，也会对藻类的生长产生抑制作用。

表 2-2　Chl-a 浓度与 TN、TP 浓度的相关关系

| 支流 | Chl-a 与 TN | | Chl-a 与 TP | |
| --- | --- | --- | --- | --- |
| | 线性回归方程 | $R^2$ | 线性回归方程 | $R^2$ |
| Ⅰ | lg(Chl-a) = −0.2529lg(TN) +1.9195 | 0.156 | lg(Chl-a) = −0.114lg(TP) +1.6877 | 0.033 |
| Ⅱ | lg(Chl-a) = −2.0982lg(TN) +4.1493 | 0.293 | lg(Chl-a) = −2.7229lg(TP) +2.5809 | 0.156 |
| Ⅲ | lg(Chl-a) = 4.8851lg(TN) −6.1336 | 0.743 | lg(Chl-a) = 7.5748lg(TP) −2.1411 | 0.618 |
| Ⅳ | lg(Chl-a) = 4.1972lg(TN) −5.6651 | 0.682 | lg(Chl-a) = 7.4407lg(TP) −2.6392 | 0.570 |
| Ⅴ | lg(Chl-a) = −2.0451lg(TN) +3.5267 | 0.540 | lg(Chl-a) = −2.9137lg(TP) +1.9457 | 0.639 |

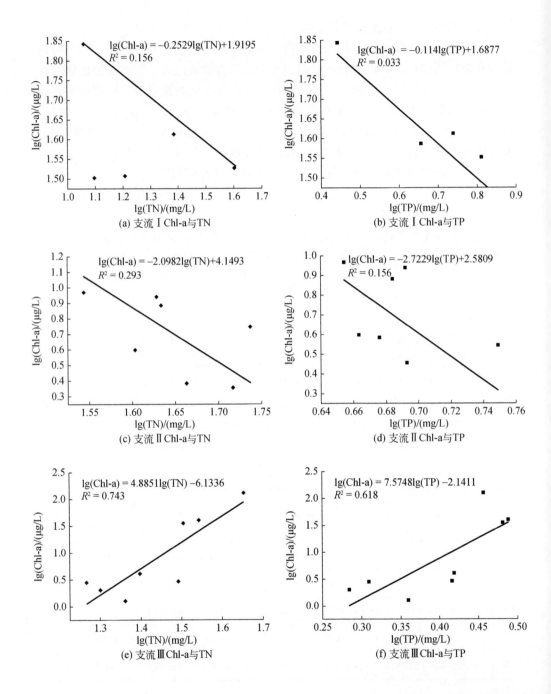

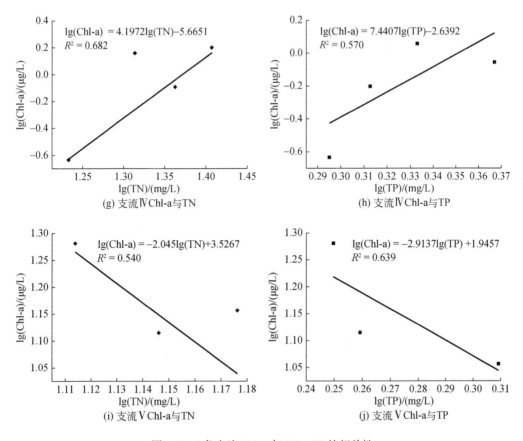

图 2-3　5 条支流 Chl-a 与 TN、TP 的相关性

## 2.2.3　采样点聚类分析

通过对采样点进行聚类分析来综合评价各采样点间水质污染相似性状况及远近关系，以此更直观地反映黑臭水体水质的空间分布特点。将沈阳市典型黑臭水体 27 个采样点的水质指标数据进行聚类分析，图 2-4 为各采样点聚类分析树状图。结果表明，本次调查的 27 个采样点大致可分为两大类。第一类包括 11 个采样点，分别为支流 Ⅰ 的 1、2、3、4 号采样点和支流 Ⅱ 的 6、7、8、9、10、11 和 12 号采样点，均属于重度黑臭水体；第二类包括 15 个采样点，为支流 Ⅲ、支流 Ⅳ 和支流 Ⅴ 所有采样点，属于轻度黑臭水体。其中，支流 Ⅲ 在支流 Ⅱ 汇入前后水质情况有所不同，汇入前 15、16 号采样点分成一类，汇入后 13、14、17、18、19、20 号采样点分成一类。

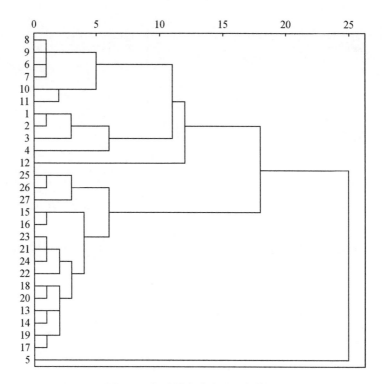

图 2-4　各采样点聚类分析树状图

支流 I 的 5 号采样点与其他两类均不同，可能是因为 5 号点与支流 I 中其他点的上游来水有明显差异，导致 5 号采样点与支流 I 和其他支流水质差异较大。

## 2.2.4　水质指标主成分分析

水质监测数据 KMO 检验值为 0.733，Sig 值为 0，这说明沈阳市各采样点水质数据间的相关性较强，适合做主成分分析。根据特征值大于 1 的原则提取 4 个主成分，旋转因子载荷矩阵中载荷值高于 0.7 的指标作为主因子，结果见表 2-3 和表 2-4 所示。

表 2-3　黑臭水体水质主因子贡献率及其旋转因子载荷矩阵

| 成分 | 初始特征值 | | | 旋转平方和载入 | | |
| --- | --- | --- | --- | --- | --- | --- |
| | 合计 | 方差贡献率/% | 累积方差贡献率/% | 合计 | 方差贡献率/% | 累积方差贡献率/% |
| 1 | 7.220 | 55.536 | 55.536 | 6.089 | 46.840 | 46.840 |

续表

| 成分 | 初始特征值 | | | 旋转平方和载入 | | |
|---|---|---|---|---|---|---|
| | 合计 | 方差<br>贡献率/% | 累积方差<br>贡献率/% | 合计 | 方差<br>贡献率/% | 累积方差<br>贡献率/% |
| 2 | 1.672 | 12.858 | 68.394 | 2.443 | 18.793 | 65.633 |
| 3 | 1.336 | 10.276 | 78.670 | 1.537 | 11.821 | 77.453 |
| 4 | 1.077 | 8.286 | 86.956 | 1.235 | 9.502 | 86.955 |
| 5 | 0.582 | 4.474 | 91.430 | | | |
| 6 | 0.355 | 2.730 | 94.160 | | | |
| 7 | 0.249 | 1.915 | 96.075 | | | |
| 8 | 0.186 | 1.429 | 97.504 | | | |
| 9 | 0.167 | 1.283 | 98.787 | | | |
| 10 | 0.064 | 0.493 | 99.281 | | | |
| 11 | 0.052 | 0.398 | 99.679 | | | |
| 12 | 0.025 | 0.192 | 99.871 | | | |

注：提取方法为主成分分析

表 2-4　黑臭水体水质指标主成分分析

| 评价指标 | 成分 | | | |
|---|---|---|---|---|
| | 1 | 2 | 3 | 4 |
| DO | −0.882 | −0.159 | −0.021 | 0.045 |
| $NH_4^+$-N | 0.933 | 0.252 | −0.014 | −0.071 |
| SD | −0.776 | −0.370 | 0.137 | −0.294 |
| ORP | −0.775 | −0.367 | −0.391 | 0.037 |
| TP | 0.885 | 0.102 | 0.139 | 0.074 |
| TN | 0.570 | 0.252 | 0.600 | −0.167 |
| $COD_{Cr}$ | 0.713 | 0.659 | −0.151 | −0.097 |
| $BOD_5$ | 0.819 | 0.274 | −0.159 | −0.082 |
| $S^{2-}$ | 0.580 | 0.728 | −0.118 | −0.258 |
| Chl-a | −0.099 | −0.049 | 0.911 | 0.209 |
| DOC | 0.774 | −0.201 | 0.229 | −0.311 |
| Fe | 0.066 | 0.958 | 0.145 | 0.009 |

续表

| 评价指标 | 成分 | | | |
|---|---|---|---|---|
| | 1 | 2 | 3 | 4 |
| Mn | −0.882 | −0.159 | −0.021 | 0.940 |
| 贡献率/% | 45.523 | 19.424 | 11.713 | 10.344 |
| 累计贡献率/% | 45.523 | 64.947 | 76.660 | 87.005 |

注：因子载荷值绝对值>0.7 表示显著相关，因子载荷值绝对值>0.5 表示中等相关，因子载荷值绝对值>0.3 为弱相关

第一主成分解释了 46.840% 的总方差贡献值，反映的信息量最大。与其显著相关的是 $NH_4^+$-N、TP、DOC、$COD_{Cr}$、$BOD_5$、DO、SD、ORP、Mn。DOC、$COD_{Cr}$ 和 $BOD_5$ 主要与溶解性有机碳、生物化学需氧量相关，主要反映有机质对水体的影响，其主要来源于工业污水和生活污水；而 $NH_4^+$-N 和 TP 主要来源于生活污水、化学原料及化学制品等的点源污染，以及农业退水挟带的农药与化肥等面源污染。因此，第一主成分基本可以归纳为工农业和生活污染源排放的综合影响；与 DO、SD、ORP 和 Mn 呈显著负相关，水质有机污染物的增加，水体富营养化程度加剧，水生生物大量繁殖会导致水体 DO 和 SD 的下降，同时伴随着 ORP 的降低。

第二主成分解释了 18.793% 的总方差贡献值，主要反映了 Fe 和 $S^{2-}$ 的信息，载荷值分别为 0.958 和 0.728，Fe 和 $S^{2-}$ 的存在，说明水体受到严重的有机质和矿物质污染，污染物来源于大量工业废水的排放，因此第二主成分可以认为是工业废水中 Fe 和 $S^{2-}$ 等对水体的影响。

第三主成分解释了 11.821% 的总方差贡献值，主要反映 Chl-a 的信息，Chl-a 主要与藻类的数量及其生命活动有关，因此第三主成分可以反映水体浮游植物的生长状况。

第四主成分解释了 9.502% 的总方差贡献值。其中，Mn 的载荷值最大，为 0.940。Mn 主要来源于工业污染源，但第四主成分中 Mn 的浓度与沈阳市流水冲积物背景值接近，且分布比较均匀，因此该重金属元素以自然沉积为主，受人为干扰较弱，可能与岩石风化释放或周围土壤侵蚀有关。因此，第四主成分可以反映重金属 Mn 对水质的影响。

从方差贡献率可以看到第一主成分为 46.840%，远远大于第二～第四主成分的方差贡献率（18.793%、11.821% 和 9.502%）。所以各支流水质主要是由第一主成分即 $NH_4^+$-N、TP、DOC、$COD_{Cr}$ 和 $BOD_5$ 控制，其次受控于水体中的硫化物和金属 Fe。而浮游植物和重金属 Mn 也是影响水质的一部分因素。

# 第3章 黑臭水体有机质污染特征

## 3.1 材料与方法

### 3.1.1 研究区域与采样点设置

以沈阳市黑臭水体为研究对象，根据2016年全国黑臭水体普查结果，于2016年10月选取沈阳市内5条典型黑臭水体，包括浑河2个主要支流（支流Ⅲ和支流Ⅳ）、细河2个支流（支流Ⅱ和支流Ⅴ）、蒲河1个支流（支流Ⅰ）作为研究区域。采用GPS定位系统，对27个采样点进行现场水样采集。

### 3.1.2 样品采集与现场检测

使用标准采样器采集水样，从水面至水下50cm处采集水样，每个采样点采集表层水3~4L。将水样收集到洁净的容器中，并记录点号，运回实验室，冷冻避光保存用于紫外–可见吸收光谱和三维荧光光谱的测定。

### 3.1.3 测定方法

（1）溶解有机质

紫外–可见吸收光谱检测：水样经过0.45μm的滤膜过滤，采用安捷伦89090A紫外–可见分光光度计测定，扫描波长范围为200~700nm，间隔设置为1nm。

溶解性有机物（DOM）三维荧光光谱检测：采用日立（Hitachi）F-7000荧光光谱分析仪，激发和发射波长增量均设为5nm，狭缝宽度为5nm，扫描速度为2400min$^{-1}$，PMT电压为700V，波长范围为：激发波长Ex=200~450nm，发射波长Em=260~550nm。

利用MATLAB 8.3软件运用PARAFAC手段对27个三维荧光光谱谱图进行模

拟，得到 3 个组分，利用折半分析来验证分析结果的可靠性，各组分的丰度以最大荧光强度 $F_{max}$（R. U.）来表示。

（2）持久性有机污染物

PAHs 的分析使用安捷伦 DB-5MS（30m×0.25mm×0.25μm）色谱柱，进样方式为 1μL 不分流进样，进样口温度为 300℃，使用高纯氦为载气，流速为 1.0mL/min。柱箱升温程序：50℃，保持 2min，以 10℃/min 升至 150℃，然后以 2℃/min 升至 200℃，保持 2min，再以 10℃/min 升至 260℃，保持 2min，最后以 5℃/min 升至 300℃，保持 5min，整个分析过程时间为 60min。质谱传输线温度为 300℃，离子源温度为 230℃，四极杆温度为 150℃，EI 模式，发射电子能量为 70eV。SCAN（全扫描）模式下进行定性分析，定量分析使用 SIM（选择离子模式）。

农药分析使用安捷伦 6890-GC/5975-MS 气相色谱质谱联用仪。色谱柱使用安捷伦 DB-5MS（30m×0.25mm×0.25μm）色谱柱，进样方式为 1μL 不分流进样。质谱传输线温度为 280℃，离子源温度为 230℃，四极杆温度为 150℃，EI 模式，发射电子能量为 70eV。SCAN（全扫描）模式下进行定性分析，定量分析使用 SIM（选择离子模式）。进样口温度为 250℃，使用高纯氦为载气，流速为 1.2mL/min。柱箱升温程序：40℃，保持 2min，以 20℃/min 升至 180℃，保持 6min，最后以 5℃/min 升至 280℃，保持 5min。整个分析过程时间为 40min。

邻苯二甲酸酯类（PAEs）分析测试同样使用安捷伦 6890-GC/5975-MS 气相色谱质谱联用仪。色谱柱使用安捷伦 DB-5MS（30m×0.25mm×0.25μm）色谱柱，进样方式为 1μL 不分流进样，进样口温度为 250℃，使用高纯氦为载气，流速为 1.2mL/min。柱箱升温程序：100℃，保持 2min，以 20℃/min 升至 180℃，保持 2min，然后以 5℃/min 升至 250℃，保持 2min，最后以 10℃/min 升至 280℃，保持 10min。整个分析过程时间为 37min。质谱传输线温度为 280℃，离子源温度为 230℃，四极杆温度 150℃，EI 模式，发射电子能量为 70eV。SCAN（全扫描）模式下进行定性分析，定量分析使用 SIM（选择离子）模式。

## 3.1.4 统计学分析

本研究采用 SPSS 19.0 对紫外指数进行相关性分析，分析沈阳市重度黑臭水体的 DOM 结构特征。

通过对整个流域的紫外–可见吸收光谱进行主成分分析，揭示各主成分的光谱特征，通过放大狭窄的光段并缩小光谱重叠的部分，深入探究沈阳市重度黑臭水体的 DOM 官能团组成特征。

# 3.2　有机污染物特征

## 3.2.1　DOM 紫外-可见吸收光谱分析

（1）DOM 紫外-可见吸收光谱特征

有机化合物的紫外-可见吸收光谱取决于分子结构，随分子复杂度的不同而异，图 3-1（a）为 27 个点位 DOM 的紫外-可见吸收光谱图，可以看出，沈阳市典型黑臭河流各采样点 DOM 的吸光度总体上随波长增加呈指数形式递减，400nm 后吸光几乎为 0。在 280nm 附近出现吸收平台，主要由 DOM 中木质素磺酸及其衍生物对光的吸收引起。由于溴化物和硝酸盐等无机离子的影响，波长小于 240nm 处产生较为明显的紫外吸收峰。尽管各采样点 DOM 组分的紫外吸收曲线较为相似，但在某些特征吸收峰上仍存在一定差异，表明本研究中各采样点之间 DOM 组分存在差异。从所有采样点总体吸光度值来看，其远大于正常河流的吸光度值，说明黑臭水体中的 DOM 含量较高。沈阳市 5 条典型黑臭水体 DOM 吸收系数的变异系数在 30% 内，如图 3-1（b）所示，这表明不同支流 DOM 的紫外-可见吸收光谱特征差异性并不太明显。

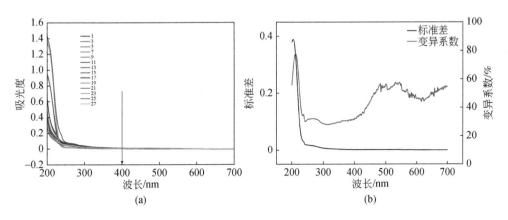

图 3-1　黑臭水体 DOM 紫外-可见吸收光谱（a）和变异系数（b）

（2）特征吸收值 $SUVA_{254}$ 分析

$SUVA_{254}$ 定义为波长 254nm 处的吸光度值（$m^{-1}$）与溶液 DOC（mg/L）浓度的比值，可以用来表征有机质的分子量、腐殖化水平和芳香度，并且有机质的分子量、腐殖化水平和芳香度与 $SUVA_{254}$ 值呈正相关，即随着 $SUVA_{254}$ 值的增大而增大。研究表明有机质在254nm处的紫外吸收系数主要代表了芳香族化合物以及具有不饱和C═C键的一类难分解有机化合物，且随着DOM中芳香族和不饱和共轭双键结构的增多，分子量增大，其单位物质量的紫外吸收强度越高。

结果如图3-2所示，$SUVA_{254}$总体很高，在0.2~2.6，平均值为1.31，高于正常河流很多倍，表明黑臭水体中有机质的芳香度和腐殖化水平高。支流Ⅰ和支流Ⅱ $SUVA_{254}$相对较低，总体平均值为0.78。支流Ⅲ~Ⅴ的$SUVA_{254}$相差不多，支流Ⅴ $SUVA_{254}$最高，平均值为1.88；其次是支流Ⅲ，平均值为1.78；最后是支流Ⅳ，平均值为1.50。各支流有机质的芳香度和腐殖化水平变化规律为支流Ⅴ>支流Ⅲ>支流Ⅳ>支流Ⅱ>支流Ⅰ。总体来看，轻度黑臭水体中有机质的芳香程度、分子量与腐殖化水平高于重度黑臭水体。

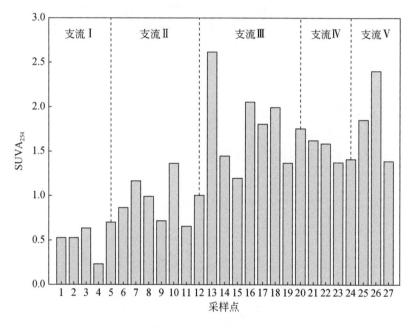

图3-2　黑臭水体溶解性有机物中$SUVA_{254}$的分布特征

（3）比值分析

$E_2/E_3$表示波长250nm处吸光度值与365nm处吸光度的比值，同$SUVA_{254}$一样均可以用来指示有机质腐殖化水平。还可以区别有机质的来源，该值与有机质分子量和$SUVA_{254}$均成反比。当$E_2/E_3<3.5$时，有机质中的含量以胡敏酸为主；当$E_2/E_3>3.5$时，有机质中主要含量为富里酸。各支流$E_2/E_3$值如图3-3所示。从各支流$E_2/E_3$值来看，平均值为5.95，表明各支流中以小分子形态存在的富里酸含量高，而大分子形态的胡敏酸含量低。5个支流相比，轻度黑臭水体支流

Ⅲ～Ⅴ中 $E_2/E_3$ 值较低，平均值分别为 4.97、4.68、4.95，重度黑臭水体支流Ⅰ～Ⅱ的 $E_2/E_3$ 值较高，平均值分别为 6.86、7.56。重度黑臭水体腐殖化水平低于轻度黑臭水体。

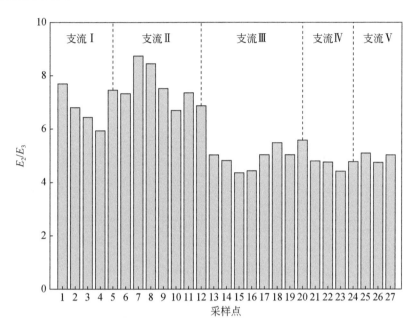

图 3-3　黑臭水体溶解性有机物中 $E_2/E_3$ 分布特征

$E_2/E_4$ 表示波长 240nm 处吸光度值与 420nm 处吸光度值的比值，用来表示有机质分子缩合度，并且有机质分子缩合度水平与 $E_2/E_4$ 成反比，即随着 $E_2/E_4$ 值的减小而增大。各支流 $E_2/E_4$ 值如图 3-4 所示。从各支流 $E_2/E_4$ 值来看，5 个支流 $E_2/E_4$ 值平均值为 13.77，明显低于健康河流，表明各支流有机质分子缩合度明显高于健康河流。5 个支流相比，轻度黑臭水体支流Ⅲ～Ⅴ的 $E_2/E_4$ 值较低，平均值分别为 10.97、10.23、8.90，重度黑臭水体支流Ⅰ和Ⅱ的 $E_2/E_4$ 值较高，平均值分别为 18.99、17.36。重度黑臭水体有机质分子缩合度水平低于轻度黑臭水体。

$E_4/E_6$ 表示波长 465nm 处吸光度值与 665nm 处吸光度值的比值，用于表征有机质聚合程度，且有机质聚合程度与 $E_4/E_6$ 成反比，即 $E_4/E_6$ 值越小，有机质聚合程度越大。但是，影响 $E_4/E_6$ 值大小的不仅仅包括有机质聚合程度，还有 pH、有机质中—COOH 含量以及总酸度，因此 $E_4/E_6$ 只能表示部分有机质结构等的信息，在表达有机质结构、分子量大小方面具有一定的局限性。各支流 $E_4/E_6$ 值如图 3-5 所示。从各支流 $E_4/E_6$ 值来看，5 个支流 $E_4/E_6$ 值平均值为 3.44。5 个支流

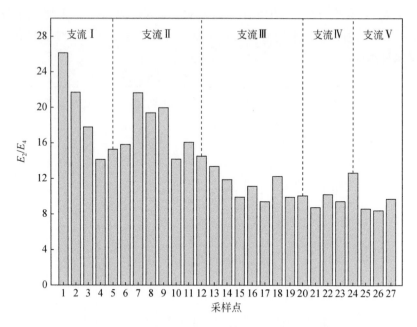

图 3-4　黑臭水体溶解性有机物中 $E_2/E_4$ 分布特征

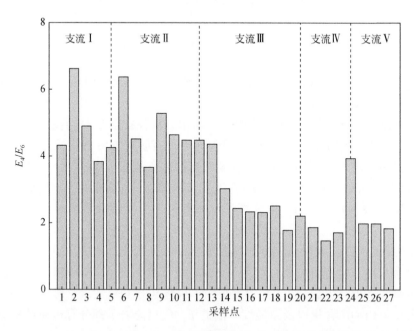

图 3-5　黑臭水体溶解性有机物中 $E_4/E_6$ 分布特征

相比，轻度黑臭水体支流Ⅲ~Ⅴ的 $E_4/E_6$ 值较低，平均值分别为 2.61、2.24、1.93，重度黑臭水体支流Ⅰ和Ⅱ的 $E_4/E_6$ 值较高，平均值分别为 4.78、4.77。重度黑臭水体有机质聚合程度低于轻度黑臭水体。

（4）斜率分析

将有机质在 275~295nm 与 350~400nm 这两个狭窄波长区域内的紫外吸收系数转化为自然对数，并计算出 275~295nm 和 350~400nm 的对数值拟合直线的斜率（$S_{275~295}$ 和 $S_{350~400}$），用于半定量地表示富里酸和胡敏酸比值。各支流 $S_{275~295}$ 和 $S_{350~400}$ 值如图 3-6 所示。

5 个支流 $S_{275~295}$ 和 $S_{350~400}$ 均为负值，$S_{275~295}$ 在 $-0.003 ~ -4.97\times10^{-4}$，$S_{350~400}$ 在 $-0.023 ~ -4.72\times10^{-4}$。重度黑臭水体支流Ⅰ和支流Ⅱ的 $S_{275~295}$ 和 $S_{350~400}$ 值均较低，支流Ⅰ $S_{275~295}$ 和 $S_{350~400}$ 平均值为 $-0.0020$ 和 $-0.0172$，支流Ⅱ $S_{275~295}$ 和 $S_{350~400}$ 平均值为 $-0.0026$ 和 $-0.0149$。

轻度黑臭水体支流Ⅲ~Ⅴ的 $S_{275~295}$ 和 $S_{350~400}$ 较高，支流Ⅲ $S_{275~295}$ 和 $S_{350~400}$ 平均值为 $-0.0012$ 和 $-0.0096$。支流Ⅳ $S_{275~295}$ 和 $S_{350~400}$ 平均值为 $-0.0007$ 和 $-0.0056$。支流Ⅴ $S_{275~295}$ 和 $S_{350~400}$ 平均值为 $-0.0013$ 和 $-0.0077$。轻度黑臭水体支流Ⅲ~Ⅴ富里酸与胡敏酸的比值较大，说明轻度黑臭的 3 个支流中富里酸较多，重度黑臭的两个支流中富里酸较少。

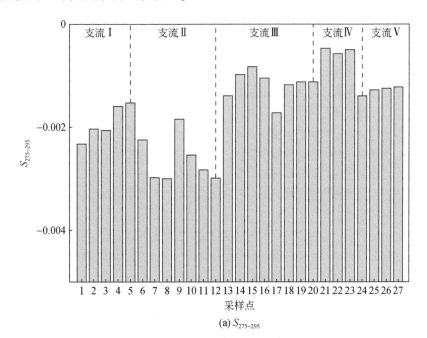

(a) $S_{275~295}$

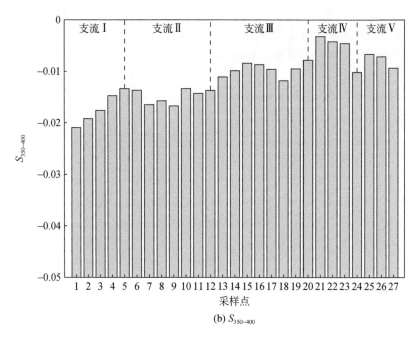

(b) $S_{350\sim400}$

图 3-6　黑臭水体溶解性有机物中斜率分布特征

（5）面积分析

DOM 的紫外–可见吸收光谱被划分为三个区域：$260\sim280\text{nm}$、$460\sim480\text{nm}$ 和 $600\sim700\text{nm}$，其波长所对应区域积分后所得的面积分别记为 $A_1$、$A_2$、$A_3$，其中，$A_1$ 表示木质素和奎宁等有机质处于分解转化初期，$A_2$ 表示有机质处于腐殖化初期，$A_3$ 表示有机质已经深度腐殖化。此外，Albrecht 还定义了三个腐殖化指数：$A_2/A_1$（表示 $A_2$ 与 $A_1$ 面积的比值）、$A_3/A_1$（表示 $A_3$ 和 $A_1$ 面积的比值）、$A_3/A_2$（表示 $A_3$ 和 $A_2$ 面积的比值）。$A_2/A_1$ 反映了木质素和其他物质在腐殖化开始的比例，$A_3/A_1$ 反映了腐殖化物质和非腐殖化物质之间的关系，$A_3/A_2$ 表征 DOM 的芳香度。有机质的腐殖质化程度随着比值的增大而增大。各支流值 $A_2/A_1$、$A_3/A_1$ 和 $A_3/A_2$ 结果如图 3-7 所示。

由图 3-7 可见，重度黑臭河流支流 I 和支流 II 的 $A_2/A_1$、$A_3/A_1$ 和 $A_3/A_2$ 的值较低，支流 I 三项指标平均值分别为 0.0397、0.082 和 1.690，支流 II 分别为 0.047、0.066 和 1.328。轻度黑臭河流支流 III ~ V 的 $A_2/A_1$、$A_3/A_1$ 和 $A_3/A_2$ 的值较高，支流 III 三项指标平均值分别为 0.132、0.299 和 2.502，支流 IV 平均值分别为 0.157、0.472 和 3.164，支流 V 平均值分别为 0.121、0.353 和 2.921，这说明重度黑臭水体中木质素与其他物质在腐殖化开始的比例低，腐殖化物质与非腐殖化物质的比值小，DOM 芳香度低。轻度黑臭水体中木质素与其他物质在腐殖化

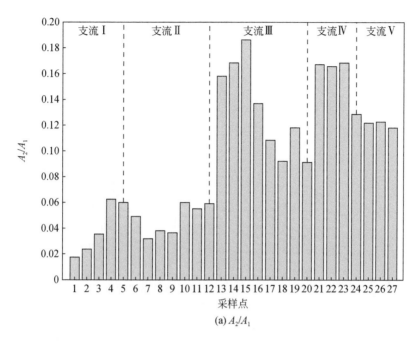

(a) $A_2/A_1$

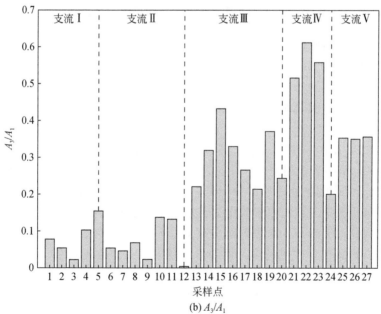

(b) $A_3/A_1$

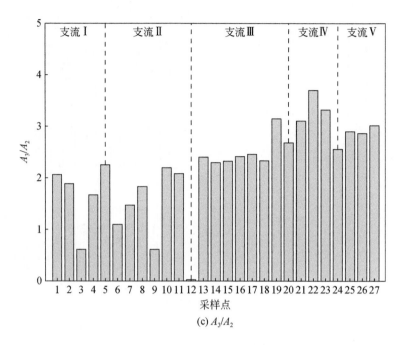

图 3-7　黑臭水体溶解性有机物的面积分布特征

开始的比例高，腐殖化物质与非腐殖化物质的比值高，DOM 芳香度高。

（6）相关性分析

为了揭示沈阳 5 个黑臭水体各不同紫外–可见吸收光谱参数的相互关系，对 5 个黑臭水体的 DOM 吸收光谱参数的 9 个指标 $SUVA_{254}$、$E_2/E_3$、$E_2/E_4$、$E_4/E_6$、$S_{275\sim295}$、$S_{350\sim400}$、$A_2/A_1$、$A_3/A_1$、$A_3/A_2$ 进行了相关性分析，结果如表 3-1 所示：$SUVA_{254}$ 与 $E_2/E_3$、$E_2/E_4$、$E_4/E_6$ 呈显著负相关，与 $S_{275\sim295}$、$S_{350\sim400}$、$A_2/A_1$、$A_3/A_1$、$A_3/A_2$ 呈显著正相关。

$SUVA_{254}$ 代表的是有机质的分子量、腐殖化水分和芳香度，数值越大，程度越高。腐殖化意味着它们原有的化学成分逐渐转化成复杂的高分子缩合芳香族化合物。腐殖化水平越高，原来的组分（如蛋白质、纤维素、木质素等）保留越少，新的有机高聚物生成越多，缩合分子越大、结构也越复杂。因此，$SUVA_{254}$ 与 $E_2/E_3$、$E_2/E_4$、$E_4/E_6$ 呈显著负相关，与 $S_{275\sim295}$、$S_{350\sim400}$ 和 $A_2/A_1$、$A_3/A_1$、$A_3/A_2$ 呈显著正相关。相关性结果说明了沈阳市重度黑臭水体的腐殖化水平低，有机质分子缩合度低，有机质分子量低，芳香度低；轻度黑臭水体的腐殖化水平高，有机质分子缩合度高，有机质分子量高，芳香度高。

表 3-1　黑臭水体中 DOM 皮尔逊相关性分析

| 指标 | $SUVA_{254}$ | $E_2/E_3$ | $E_2/E_4$ | $E_4/E_6$ | $S_{275\sim295}$ | $S_{350\sim400}$ | $A_2/A_1$ | $A_3/A_1$ | $A_3/A_2$ |
|---|---|---|---|---|---|---|---|---|---|
| $SUVA_{254}$ | 1 | | | | | | | | |
| $E_2/E_3$ | $-0.636^{**}$ | 1 | | | | | | | |
| $E_2/E_4$ | $-0.659^{**}$ | $0.852^{**}$ | 1 | | | | | | |
| $E_4/E_6$ | $-0.594^{**}$ | $0.721^{**}$ | $0.784^{**}$ | 1 | | | | | |
| $S_{275\sim295}$ | $0.491^{**}$ | $-0.865^{**}$ | $-0.724^{**}$ | $-0.703^{**}$ | 1 | | | | |
| $S_{350\sim400}$ | $0.677^{**}$ | $-0.811^{**}$ | $-0.924^{**}$ | $-0.827^{**}$ | $0.785^{**}$ | 1 | | | |
| $A_2/A_1$ | $0.663^{**}$ | $-0.894^{**}$ | $-0.822^{**}$ | $-0.740^{**}$ | $0.831^{**}$ | $0.885^{**}$ | 1 | | |
| $A_3/A_1$ | $0.549^{**}$ | $-0.807^{**}$ | $-0.779^{**}$ | $-0.850^{**}$ | $0.851^{**}$ | $0.907^{**}$ | $0.889^{**}$ | 1 | |
| $A_3/A_2$ | $0.539^{**}$ | $-0.653^{**}$ | $-0.625^{**}$ | $-0.761^{**}$ | $0.715^{**}$ | $0.737^{**}$ | $0.691^{**}$ | $0.858^{**}$ | 1 |

＊＊在 0.01 水平（双侧）上显著相关；

＊在 0.05 水平（双侧）上显著相关

（7）紫外-可见吸收光谱主成分分析

对沈阳市 5 个典型黑臭水体 27 个采样点的紫外-可见吸收光谱进行主成分分析，主成分分析产生两个成分，它们的累计方差贡献率为 99.74%，可以反映原始指标的特征。紫外-可见吸收光谱的因子得分能够反映各主成分的光谱特征，同时能够放大狭窄的光段和缩小光谱重叠的部分。图 3-8 为 27 个站点的主成分因子载荷图，可以用于研究 DOM 组分的空间分布特征结果。

第一主成分的贡献率为 60.51%，包含 1 个肩峰和 3 个尖峰，如图 3-8（a）所示。肩峰在 356nm 处，可能与羧基（羧酸）有关；第一个尖峰在 250nm 处，由苯酚基（木质素和奎宁基团）引起；其余的两个尖峰分别在 486nm、657nm 处，可能和高芳香性的多烷基腐殖质有关。第二主成分的贡献率为 39.23%，包括 2 个肩峰和 3 个尖峰 [图 3-8（b）]。第一个肩峰在 300nm 处；第二个肩峰在 355nm 处，均与羧基（羧酸）有关，与第一主成分中的肩峰相比，距离少 1nm，间接表明发生了 1nm 的蓝移；三个尖峰分别在 423nm、484nm、655nm 处，第一个尖峰可能和微生物的代谢产物有关，剩余两个尖峰均由第一主成分发生 2nm 的蓝移形成，可能和腐殖化水平高的芳香性和多烷基有关。

## 3.2.2　溶解性有机物三维荧光光谱分析

5 条支流各选取一个典型三维荧光图谱，如图 3-9 所示。在溶解性有机物三维荧光光谱图上明显地存在 3 个荧光尖峰与 5 个肩峰，其中峰 B1（Ex/Em 210 ~

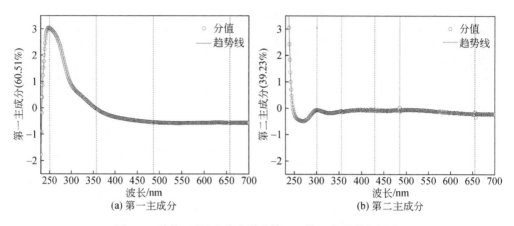

图 3-8　紫外–可见吸收光谱中第一、第二主成分的得分

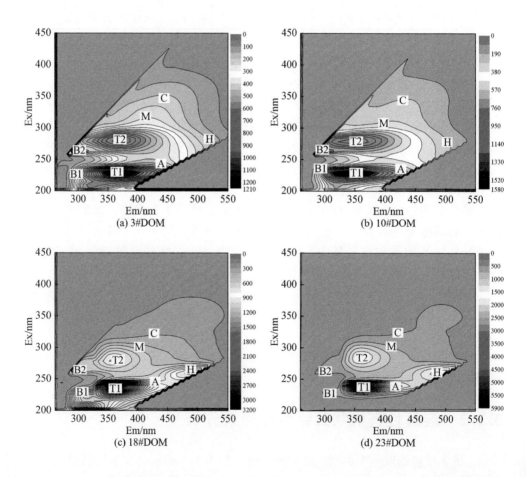

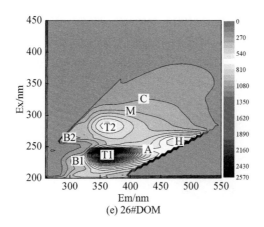

(e) 26#DOM

图 3-9 典型的 5 个采样点溶解性有机物的三维荧光光谱图

230nm/280～310nm）与峰 B2（Ex/Em 260～280nm/280～310nm）为酪氨酸类物质荧光峰（Ex/Em 210～230，260～280nm/280～310nm），峰 T1（Ex/Em 220～240nm/320～350nm）与峰 T2（Ex/Em 260～280nm/320～350nm）为色氨酸类物质荧光峰（Ex/Em 220～240，260～280nm/320～350nm），峰 A 为紫外区富里酸类物质荧光峰（Ex/Em 240～260nm/380～410nm），峰 C 为可见光区富里酸类物质荧光峰（Ex/Em 330～350nm/380～410nm），峰 M 位于峰 A 与峰 C 之间，属于微生物代谢产物，峰 H 为胡敏酸类物质荧光峰（Ex/Em 260～300nm/475～510nm）。

### 3.2.3 溶解性有机物的荧光组分特性

荧光指数 FI 可以表征水体溶解性有机物的来源，其定义为波长为 370nm 时，荧光发射强度在 450nm 与 500nm 处的比值。FI>1.9 时溶解性有机物来源以微生物、藻类活动（内源）为主，自生源特征明显；FI<1.4 时内源贡献相对较低，主要源于外源输入。22 号和 23 号采样点荧光指数分别为 1.68 和 1.66，说明该处 DOM 表现出陆源和生物源的双重特性。而其余 25 个采样点的荧光指数均接近陆源荧光指数（1.40），所以其 DOM 的来源均可认为是陆源。从沈阳市黑臭水体的整体来看，荧光指数的平均值为 1.26，说明陆源占主要贡献，即沈阳市黑臭水体中 DOM 受外源生活污水、工厂、农田的废水影响较为严重。

利用 PARAFAC 对 27 个样品的三维荧光光谱进行解析，用一分为二法和残差法确定组分数为 3。组分 1（C1：Ex=235nm，Em=360nm）与色氨酸类物质（λ=Ex/Em 220～240nm/325～360nm）相似，表明 C1 主要为色氨酸。组分 C2（Ex=220nm，Em=430nm）主要反映了短波类腐殖质的荧光性质，且与富里酸类物质（Ex/Em 220~250nm/400~460nm）接近，表明组分 C2 主要为富里酸；组分 C3（Ex=255nm，Em=520nm）反映了长波类腐殖质的荧光特性，且与胡敏酸类物质（Ex/Em 250~400nm/380~500nm）相似，表明组分 C3 主要为胡敏酸，见图 3-10 和表 3-2。

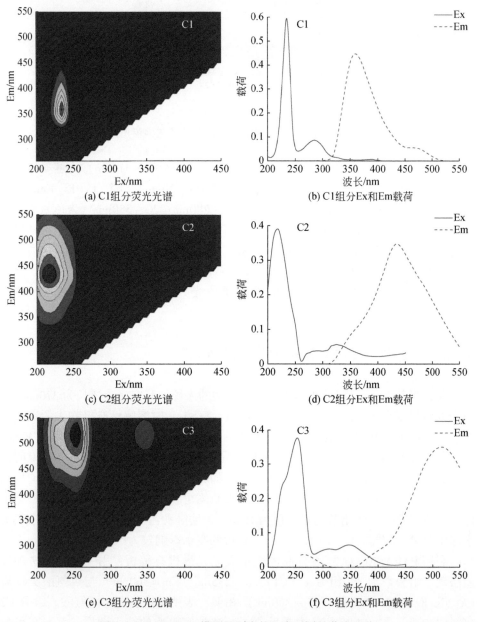

(a) C1组分荧光光谱　　(b) C1组分Ex和Em载荷

(c) C2组分荧光光谱　　(d) C2组分Ex和Em载荷

(e) C3组分荧光光谱　　(f) C3组分Ex和Em载荷

图 3-10　PARAFAC 模型识别出的 3 个不同的荧光组分

表 3-2 PARAFAC 解析出的 3 个荧光组分特征 （单位：nm）

| 荧光组分 | Ex/Em | 荧光类型 | Ex/Em |
|---|---|---|---|
| C1 | 235/360 | 色氨酸类物质 | 220～240/325～360 |
| C2 | 220/430 | 富里酸类物质 | 220～250/400～460 |
| C3 | 255/520 | 胡敏酸类物质 | 255～270/505～530 |

利用平行因子分析法分析沈阳市 5 个典型黑臭水体 DOM 荧光矩阵所得的得分值 $F_{max}$（R.U.）进行制图，$F_{max}$ 表示各类荧光峰的荧光强度或各样品中各组分的含量，见图 3-11（a），黑臭水体 DOM 的三个组分相对丰度的平均值见图 3-11（b）。

由图 3-11（a）可以看出，5 个黑臭水体中，支流Ⅲ中的采样点 $F_{max}$ 值整体最高，其次是支流Ⅴ，支流Ⅰ和支流Ⅱ较低，支流Ⅳ最低，5 个支流中 DOM 含量有明显差异。支流Ⅲ接纳了沈阳 10 余家以处理生活污水为主的市政污水处理厂的出水，且污水厂出水为支流Ⅲ主要水源，出水中 DOM 含量较高，导致支流Ⅲ整体 $F_{max}$ 最高。从溶解性组分来看，支流Ⅲ中色氨酸类物质（类蛋白物质）相对较多，其次是胡敏酸，富里酸最少。

支流Ⅰ和支流Ⅱ富里酸所占的比例最大，均超过 60%，色氨酸类物质（类蛋白物质）最少，说明这两个水体受生活污水污染较少，水体中腐败的动植物较多，经过微生物的分解转化为胡敏酸。支流Ⅳ的 C1、C2、C3 总量最低，表明水体中 DOM 含量低，受到的有机污染程度相对较低。支流Ⅴ的 C1、C2、C3 各组分含量较为平均，表明水体中蛋白类物质和腐殖质均大量存在。

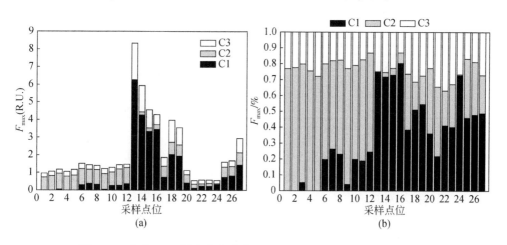

图 3-11 支流 DOM 最大荧光强度（a）和 3 组分相对丰度示意（b）

## 3.2.4 持久性有机污染物 GC-MS 分析

对沈阳市黑臭水水体样品进行 GC-MS 分析,PAHs 共检测分析了 16 种化合物,其中,检出 9 种化合物(表3-3),萘、苊烯、苊、芴、菲、蒽、荧蒽、芘、苯并[a]蒽。9 种 PAHs 总浓度为 748.0ng/L,其中萘含量最高,为 411.5ng/L。

表3-3 PAHs 浓度及分布情况 （单位：ng/L）

| 物质名称 | 浓度 |
| --- | --- |
| 萘 | 411.5 |
| 苊烯 | 25.8 |
| 苊 | 36.9 |
| 芴 | 52.3 |
| 菲 | 132.6 |
| 蒽 | 32.0 |
| 荧蒽 | 38.5 |
| 芘 | 15.8 |
| 苯并[a]蒽 | 2.6 |
| 䓛 | nd |
| 苯并[b]荧蒽 | nd |
| 苯并[k]荧蒽 | nd |
| 苯并[a]芘 | nd |
| 茚并[123,cd]芘 | nd |
| 二苯并[a,h]蒽 | nd |
| 苯并[z]芘 | nd |
| PAHs 总浓度 | 748.0 |

注:nd 表示该化合物低于检出限,下同

分析了 29 种农药,共检出 9 种,分别为二丁基阿特拉津、阿特拉津、扑灭津、异噁草酮、乙草胺、莠灭净、扑草净、三唑醇、稻瘟灵,总浓度为 1251.8ng/L。其中,阿特拉津对总浓度贡献最高,为 570.6ng/L,但并未超过地表水标准限值（0.003mg/L）。其次为三唑醇,浓度为 295.7ng/L;乙草胺浓度为 190.4ng/L,稻瘟灵浓度为 100.7ng/L。其余 5 种农药浓度较为平均且浓度较低,见表 3-4所示。

表 3-4　农药浓度及分布情况　　　（单位：ng/L）

| 物质名称 | 浓度 |
|---|---|
| 特丁噻草隆 | nd |
| 异丙威 | nd |
| 仲丁威 | nd |
| 二丁基阿特拉津 | 32.0 |
| 西玛津 | nd |
| 阿特拉津 | 570.6 |
| 扑灭津 | 15.3 |
| 异噁草酮 | 1.1 |
| 特丁津 | nd |
| 抗蚜威 | nd |
| 乙草胺 | 190.4 |
| 西草净 | nd |
| 莠灭净 | 24.6 |
| 扑草净 | 21.4 |
| 去草净 | nd |
| 异丙甲草胺 | nd |
| 毒死蜱 | nd |
| 三唑醇 | 295.7 |
| 丁草胺 | nd |
| 粉唑醇 | nd |
| 己唑醇 | nd |
| 稻瘟灵 | 100.7 |
| 三环唑 | nd |
| 噁草酮 | nd |
| 稻虱净 | nd |
| 三唑磷 | nd |
| 敌力脱 | nd |
| 戊唑醇 | nd |
| 苯噻草胺 | nd |
| 农药总浓度 | 1251.8 |

分析了 13 种 PAEs，检出 7 种，分别为邻苯二甲酸二甲酯（DMP）、邻苯二

甲酸二乙酯（DEP）、邻苯二甲酸二异丁酯（DIBP）、邻苯二甲酸二正丁酯
（DnBP）、邻苯二甲酸二乙氧基乙基酯（DEEP）、邻苯二甲酸二（2-乙基己基）
酯（DEHP）、邻苯二甲酸二壬酯（DNP）。经过定量分析和空白评价后，浓度列
于表 3-5 中。7 种污染物的总浓度为 2966.1ng/L，其中邻苯二甲酸二异丁酯浓度
最高为 1240.0ng/L，为 PAEs 的主要贡献者，其次为邻苯二甲酸二正丁酯，浓度
为 1024.8ng/L，均未超出地表水标准限值（0.003mg/L）；邻苯二甲酸二乙酯，
浓度为 556.1ng/L。其余 4 种 PAEs 浓度较低，见表 3-5 所示。

表 3-5 　PAEs 检出情况及浓度　　　　　　（单位：ng/L）

| 物质名称 | 浓度 |
|---|---|
| 邻苯二甲酸二甲酯 | 35.5 |
| 邻苯二甲酸二乙酯 | 556.1 |
| 邻苯二甲酸二异丁酯 | 1240.0 |
| 邻苯二甲酸二正丁酯 | 1024.8 |
| 邻苯二甲酸二（2-甲氧乙基）酯 | nd |
| 邻苯二甲酸二（4-甲基-2-戊基）酯 | nd |
| 邻苯二甲酸二乙氧基乙基酯 | 75.3 |
| 邻苯二甲酸二戊酯 | nd |
| 邻苯二甲酸二己酯 | nd |
| 邻苯二甲酸丁苄酯 | nd |
| 邻苯二甲酸二（2-丁氧基）乙酯 | nd |
| 邻苯二甲酸二环己酯 | nd |
| 邻苯二甲酸二（2-乙基己基）酯 | 9.9 |
| 邻苯二甲酸二辛酯 | nd |
| 邻苯二甲酸二壬酯 | 24.5 |
| PAEs 总浓度 | 2966.1 |

# | 第4章 | 黑臭水体致黑致臭污染物特征

## 4.1 材料与方法

### 4.1.1 研究区域与采样点设置

（1）致黑物质特征分析

根据2016年全国黑臭水体普查结果，于2016年10月选取沈阳市内5条典型黑臭水体，包括浑河2个主要支流（支流Ⅲ和支流Ⅳ）、细河2个支流（支流Ⅱ和支流Ⅴ）、蒲河1个支流（支流Ⅰ）作为研究区域。采用GPS定位系统，对27个采样点进行现场水样采集。

（2）致臭污染物特征分析

以白塔堡河为研究对象，对黑臭水体中典型致黑致臭类物质进行分析。根据白塔堡河支流的分布情况和沿河城镇的位置，分别在农村段（A1~A14）、城镇段（B1~B11）和城市段（C1~C6）布点。水样用已清洗过的取水器采集后置于250mL棕色玻璃采样瓶中，采样瓶使用前用$N_2$冲洗除去瓶内空气，水样于4℃黑暗条件下密封储存运输，并在72h内检测完毕。

### 4.1.2 测定方法

（1）致臭类挥发性有机硫化物

采用吹扫捕集样品前处理方法、气相色谱分析技术及对硫元素具有高度选择性的火焰光度检测器，对水体中16种致臭类挥发性有机硫化物（VOSCs）进行同时测定。

吹扫阶段：取25mL水样，A捕集阱（Tenax TA填充），捕集阱温度为室温，吹扫温度55℃，吹扫时间10min，吹扫气流量40mL/min。解吸阶段：捕集阱温度220℃，解吸时间1min。捕集阱烘焙阶段：捕集阱温度230℃，烘焙时间4min。

气相色谱分析采用 DB-5 弹性石英毛细管柱进行分析。起始温度 40℃，保持 8min 后以 20℃/min 的速率升至 280℃，保持 5min；分流进样，分流比 1:10；载气流速 2mL/min；气相色谱仪进样口温度 250℃；FPD 检测器温度 300℃，氢气流量 40.0mL/min，空气流量 60.0mL/min。

（2）致黑类特征污染物

$S^{2-}$ 采用紫外分光光度计（UV-1800，日本岛津）测定。Fe、Mn、Cu 和 Hg 采用 ICP-AES（Agilent 725-ES，美国安捷伦）测定。

# 4.2　致黑致臭污染物特征

黑臭水体的形成过程为过量污染物排入河流后，一部分沉积到底泥中形成内源性污染，另一部分被水体中的好氧微生物降解，消耗了水体的溶解氧，造成水体缺氧，从而导致厌氧微生物的大量繁殖；与此同时，分解有机质会产生 $H_2S$、硫醇、$NH_3$ 等物质，这些物质会产生臭味降低空气质量，其中致臭物质主要包含 $H_2S$ 和 VOSCs，同时水中形成 FeS、MnS 等黑色物质，致使水体黑臭。因此本章分别对沈阳市典型黑臭水体中 Fe、Mn、硫化物及 VOSCs 等指标进行检测，识别沈阳市典型黑臭河段致黑致臭污染分布特征。

## 4.2.1　典型黑臭河段致黑污染物的分布特征

水体中的致黑物质主要有两种：一种是水体中以固体形态或是吸附在悬浮颗粒物上的不溶性黑色污染物质；另一种是溶于水的带色化合物。现已明了，FeS、MnS 等硫化物是水体中的主要致黑成分。FeS、MnS 被水体中的胡敏酸及富里酸吸附络合形成悬浮性颗粒物，这些悬浮性颗粒物与水体变黑有直接关系。

以浑河 2 个主要支流（支流Ⅲ和支流Ⅳ）、细河 2 个支流（支流Ⅱ和支流Ⅴ）、蒲河 1 个支流（支流Ⅰ）为研究对象，对黑臭水体及底泥中致黑污染物进行分析（图 4-1）。从硫化物（$S^{2-}$）、Fe 和 Mn 监测情况来看，$S^{2-}$ 和 Fe 浓度最高的是支流Ⅱ，平均值为 0.76mg/L 和 3.4mg/L。在硫酸盐还原菌等的作用下，$Fe^{2+}$ 和 $S^{2-}$ 反应生成黑色沉积物 FeS。5 条支流的 Mn 浓度变化趋势稳定，均小于 1mg/L，符合地表水环境质量标准中对 Ⅴ 类水体 Mn≤1mg/L 的要求。

5 条黑臭河段底泥中的 Mn、Cu、Hg、Fe 和 $S^{2-}$ 5 项指标监测结果如图 4-2 所示。5 条黑臭河段底泥中 Mn、Cu、Hg、Fe 和 $S^{2-}$ 5 项指标含量存在较大差异。底泥中 Mn 含量的平均值为 389.37mg/kg，支流Ⅲ的含量相对最低为 309.64mg/kg，支流Ⅰ和支流Ⅳ的含量相对较高。底泥中 Cu 含量的平均值为 267.39mg/kg，5 条

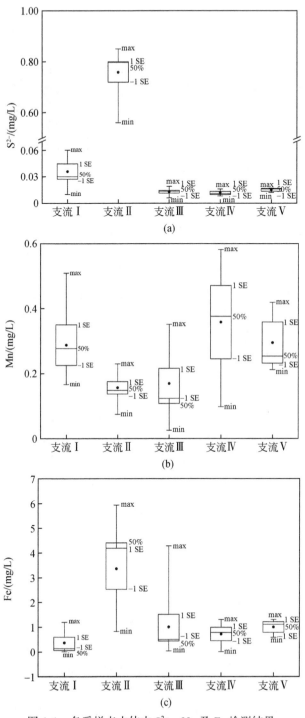

图 4-1　各采样点水体中 $S^{2-}$、Mn 及 Fe 检测结果

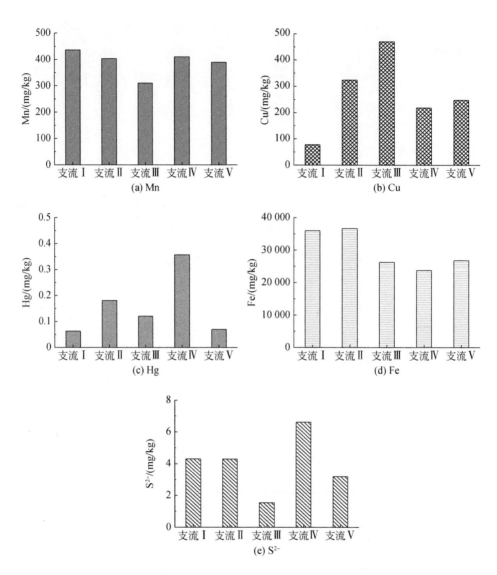

图 4-2　各采样点底泥中 Mn、Cu、Hg、Fe 和 $S^{2-}$ 检测结果

支流底泥 Cu 含量相差较大。其中，支流 I 含量最低为 75.23mg/kg，支流Ⅲ含量最高为 469.84mg/kg。底泥中 Hg 含量的平均值为 0.16mg/kg，5 条支流含量相差较大。其中，支流 I 和支流 V 含量相对较低，低于 0.07mg/kg，支流Ⅳ含量最高为 0.36mg/kg。底泥中 Fe 含量的平均值为 29 868.23mg/kg。其中，支流Ⅳ的含量相对较低为 23 736.44mg/kg，支流 I 和支流 Ⅱ 的含量相对较高，分别为 35 945.14mg/kg 和 36 628.45mg/kg。底泥中 $S^{2-}$ 含量的平均值为 3.98mg/kg。其

中，支流Ⅲ的含量相对较低，为 1.54mg/kg；支流Ⅳ的含量最高，为 6.61mg/kg。

## 4.2.2 典型黑臭河段致臭类 VOSCs 的分布特征

河道中主要致臭物质为含硫元素的 VOSCs，主要包括硫醇和硫醚两大类物质。自然界中硫醇硫醚类物质主要由厌氧微生物分解动植物体产生，VOSCs 也是藻源次生代谢产物之一。富营养化水体中藻类大规模聚集堆积、死亡后，在温度较高、富氧能力弱的条件下，分解释放的二甲基磺基丙酯在微生物的作用下可以转化为二甲二硫醚（DMDS），部分 DMDS 又可继续生成二甲基硫醚或者小分子硫醇等一系列 VOSCs，使水体水质进一步恶化。

以辽河流域白塔堡河为研究对象，对黑臭水体中致臭类物质进行分析。白塔堡河 31 个采样点中共检出 14 种 VOSCs，浓度范围为 0 ~ 35.98μg/L。其中，总硫醇类物质和总硫醚类物质的浓度范围分别为 0 ~ 22.45μg/L 和 0 ~ 35.98μg/L。根据 VOSCs 检出结果可知，白塔堡河硫醚类物质与硫醇类物质分布规律基本一致。其中，农村段的李相南、李相新村北点位，城镇段的张纱布点位和城市段的曹仲屯点位的 VOSCs 浓度较高，与之对应的水体中 DO 浓度较低，采样时水体能闻到明显的臭味，其他各点位 VOSCs 的空间分布差异不大，白塔堡河中 VOSCs 描述性统计分析结果见表 4-1。

表 4-1 白塔堡河中 VOSCs 描述性统计分析结果

| 物质名称 | 缩写 | 平均值/(μg/L) | 范围/(μg/L) | 检出率/% |
|---|---|---|---|---|
| 乙硫醇 | EtSH | 0.84 | 0.025 00 ~ 22.45 | 100.0 |
| 1-丙硫醇 | 1-PrSH | 0.36 | nd ~ 8.860 | 87.1 |
| 2-丁硫醇 | 2-BuSH | 0.03 | nd ~ 0.370 0 | 93.6 |
| 2-甲基-1-丙硫醇 | 2-Me-1-PrSH | 0.04 | nd ~ 0.600 0 | 93.6 |
| 1-丁硫醇 | 1-BuSH | 0.27 | nd ~ 2.500 | 96.8 |
| 二甲基硫醚 | DMS | 3.36 | 0.280 0 ~ 35.98 | 100.0 |
| 甲乙硫醚 | EMS | 0.14 | 0.011 00 ~ 0.410 0 | 100.0 |
| 乙硫醚 | DES | 1.00 | nd ~ 1.820 | 96.8 |
| 二乙基二硫醚 | DEDS | 0.32 | 0.009 800 ~ 0.590 | 100.0 |
| 甲丙二硫醚 | MPDS | 0.12 | 0.006 800 ~ 0.390 0 | 100.0 |
| 二甲基三硫醚 | DMTS | 0.15 | 0.007 500 ~ 1.320 | 100.0 |
| 2-丙基二硫醚 | 2-PrDS | 0.09 | 0.007 600 ~ 0.270 0 | 100.0 |

| 物质名称 | 缩写 | 平均值/(μg/L) | 范围/(μg/L) | 检出率/% |
|---|---|---|---|---|
| 烯丙基二硫醚 | DADS | 0.05 | 0.003 500~0.220 0 | 100.0 |
| 1-丙基二硫醚 | 1-PrDS | 0.11 | 0.004 900~0.330 0 | 100.0 |

## 4.2.3 致黑致臭主要污染物

（1）致黑类主要污染物

以沈阳市5条典型黑臭河段为研究对象，根据河流和底泥中重金属及硫化物监测数据，通过相关性分析，识别出沈阳市黑臭水体主要致黑污染物。各指标相关性分析结果如表4-2所示。

表4-2 底泥及水体中主要致黑污染指标相关性分析

| 指标 | 硫化物(S²⁻)(水) | Fe(水) | Mn(水) | Mn(泥) | Cu(泥) | Hg(泥) | Fe(泥) | 硫化物(泥) | SD(水) |
|---|---|---|---|---|---|---|---|---|---|
| 硫化物(S²⁻)(水) | 1 | | | | | | | | |
| Fe(水) | 0.960** | 1 | | | | | | | |
| Mn(水) | 0.533* | 0.522* | 1 | | | | | | |
| Mn(泥) | -0.300 | -0.070 | -0.350 | 1 | | | | | |
| Cu(泥) | 0.389 | -0.088 | -0.412 | 0.238 | 1 | | | | |
| Hg(泥) | 0.573 | 0.085 | 0.253 | -0.136 | 0.297 | 1 | | | |
| Fe(泥) | 0.047 | 0.431 | -0.234 | 0.646* | 0.197 | 0.037 | 1 | | |
| 硫化物(泥) | 0.202 | 0.202 | 0.243 | -0.221 | -0.410 | 0.078 | 0.659* | 1 | |
| SD(水) | -0.734* | -0.538* | -0.522* | -0.100 | -0.297 | 0.137 | -0.487* | -0.485* | 1 |

**在0.01水平（双侧）上显著相关；

*在0.05水平（双侧）上显著相关

水体变黑后，SD会显著下降。因此，SD可以作为表征黑臭水体变黑的一个重要指标。从底泥及水体中主要致黑污染指标相关性分析结果来看，SD与水体中的$S^{2-}$、Fe、Mn及底泥中的Fe和$S^{2-}$呈显著负相关。由此推断沈阳市典型黑臭河段中典型致黑污染物主要是水体的FeS、MnS，泥中的FeS。

（2）致臭类主要污染物

比较各个VOSCs可知，二甲基硫醚、乙硫醚和乙硫醇的平均浓度较高，分别为3.36μg/L、1.00μg/L 和 0.84μg/L，检出率（检出某目标化合物点位的个数／总点位数）分别为93.6%、100%和100%，是白塔堡河中三种最主要的致臭类污染物质（图4-3）。硫醇类物质各点位之间的浓度差异较大，硫醚类物质的检出率高于硫醇类物质，说明在白塔堡河中的硫醚类物质更具有普遍性。

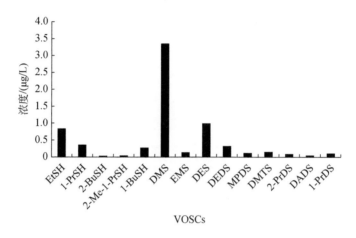

图4-3 白塔堡河中VOSCs浓度分布

## 4.2.4 致黑致臭特征污染物清单

致黑致臭特征污染物指的是能够反映黑臭水体中具有代表性的致黑致臭污染物，能够显示该水体的黑臭污染程度，一般可以从量上理解为含量较大的污染物或者是对该黑臭水体水质有较大影响的污染物。

按照以下原则筛选出沈阳市典型河段主要致黑致臭特征污染物：①污染物含量较高；②污染物检出频率高；③污染物对水体黑臭影响较大。按照上述筛选原则得出沈阳市典型黑臭河段致黑致臭特征污染物清单，结果如表4-3所示。

表4-3 沈阳市典型黑臭河段致黑致臭特征污染物清单

| 序号 | 致黑致臭特征污染物 | 序号 | 致黑致臭特征污染物 |
|---|---|---|---|
| 1 | FeS（水） | 4 | 二甲基硫醚 |
| 2 | MnS（水） | 5 | 乙硫醚 |
| 3 | FeS（底泥） | 6 | 乙硫醇 |

| 序号 | 致黑致臭特征污染物 | 序号 | 致黑致臭特征污染物 |
|------|--------------------|------|--------------------|
| 7 | 二乙基二硫醚 | 9 | 1-丁硫醇 |
| 8 | 1-丙硫醇 | 10 | 二甲基三硫醚 |

# 第5章 典型黑臭水体特征 污染物来源探索

## 5.1 材料与方法

### 5.1.1 研究区域与采样点设置

（1）DOM 污染物及致黑物质来源解析

以沈阳市黑臭水体为研究对象，对黑臭水体中 DOM 污染物来源和致黑物质进行解析，研究区域及采样点设置同 4.1.1 节。

（2）致黑致臭污染物来源解析

以白塔堡河为研究对象，对黑臭水体中致臭类污染物来源进行解析，研究区域及采样点设置同 4.1.1 节。

### 5.1.2 样品测定

DOM 三维荧光光谱检测：采用日立（Hitachi）F-7000 荧光光谱分析仪，激发和发射波长增量均设为 5nm，狭缝宽度为 5nm，扫描速度为 $2400min^{-1}$，PMT 电压为 700V，波长范围为：激发波长 Ex = 200 ~ 450nm，发射波长 Em = 260 ~ 550nm。

致臭类 VOSCs 测定：采用吹扫捕集样品前处理方法、气相色谱分析技术及对硫元素具有高度选择性的火焰光度检测器，对水体中 16 种致臭类 VOSCs 进行同时测定。

### 5.1.3 分析方法

（1）平行因子模型

利用 MATLAB 8.3 软件运用 PARAFAC 手段对 27 个三维荧光光谱谱图进行模

拟，得到 3 个组分，利用折半分析来验证分析结果的可靠性，各组分的丰度以最大荧光强度 $F_{max}$（R. U.）表示。

（2）聚类分析

通过对沈阳市典型黑臭水体 27 个采样点的 DOM 三维荧光数据进行聚类分析，综合评价各采样点间 DOM 污染相似性状况及远近关系。

（3）主成分分析

主成分分析的数据集包含 DOM 3 个组分的荧光强度和 6 个水质指标、致黑致臭类 VOSCs 主要成分等，利用 SPSS 19.0 对数据集进行主成分分析，从而识别 DOM 及 VOSCs 等典型污染物的主要来源。

## 5.2　DOM 污染物的来源解析

### 5.2.1　DOM 空间相似聚类分析

沈阳市典型黑臭水体 27 个采样点的三维荧光数据 DOM 得分图如图 5-1 所示，依据采样点得分矩阵得到 4 个置信椭圆（置信度为 65%），即支流 I（1～5）和支流 II（6～12）、支流 II 汇入前的支流 III 河段（13～16）、支流 II 汇入后的支

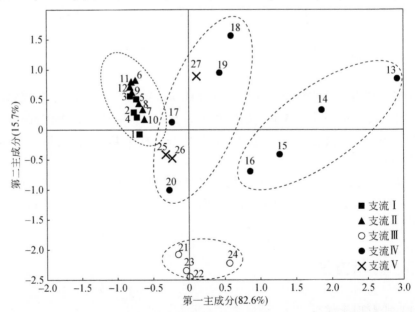

图 5-1　主成分分析 DOM 得分图

流Ⅲ河段和支流Ⅴ（17～20、25～27）、支流Ⅳ（21～24）。结果表明，5 个黑臭水体在 DOM 上存在差异，支流Ⅰ和支流Ⅱ相似性较高，污染较为严重；支流Ⅱ的汇入对支流Ⅲ河水水质影响较大，导致支流Ⅲ在支流Ⅱ汇入前后存在明显差异；支流Ⅴ与支流Ⅱ汇入后的支流Ⅲ河段水质相似度较高，可能是因为位于同一区域，污染源类型及污染源强度均较为相似。支流Ⅳ与其他支流距离较远，不属于同一区域，水质差异较大。总体分析结果与水质聚类分析相吻合。

## 5.2.2　荧光组分与水质指标主成分分析

利用 SPSS 19.0 软件将 27 个采样点的典型水质指标（$COD_{Cr}$、DO、$NH_4^+-N$、TP、$S^{2-}$、SD）和 3 个荧光组分最大荧光强度值进行主成分分析。KOM 值为 0.742，Sig. 值为 0，样品满足主成分分析要求。主成分分析产生 2 个组分，累计方差贡献率大于 86%，能够反映原始指标特征。

主成分分析结果表明（图 5-2），第一主成分中，C2（类富里酸）与 $COD_{Cr}$、$NH_4^+-N$、$S^{2-}$、TP 有很强的正相关性（$r$ 分别为 0.703、0.811、0.512、0.692，$p<0.01$），且载荷值均大于 0.6，验证 C2 和 $COD_{Cr}$、$NH_4^+-N$、$S^{2-}$、TP 具有同源性，与 DO 和 SD 呈负相关（$r=-0.743$ 和 $-0.582$，$p<0.01$），这说明随着污染物的增加，DO 和 SD 均会降低。C2 是典型的陆源性腐殖质，这进一步表明黑臭水

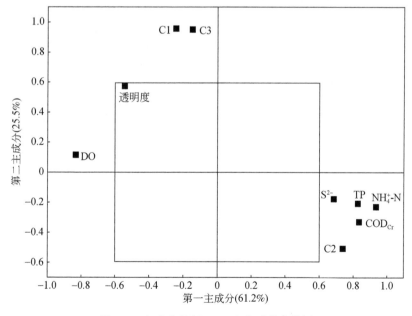

图 5-2　主成分分析 DOM 和水质的载荷图

体中的大部分 $COD_{Cr}$、$NH_4^+$-N、$S^{2-}$、TP 的主要来源为外源，可能与黑臭水体周边的生活污水以及工农业废水的输入有关，其对沈阳市 5 个典型黑臭水体中的 DOM 的贡献率为 61.2%。第二主成分中 C1（类色氨酸）和 C3（类胡敏酸）表现出很强的正相关关系（$r=0.937$，$p<0.01$），验证第二主成分中类腐殖质和类蛋白质组分具有相同的来源。C1 主要来自水生生物（藻类和微生物）新陈代谢产生的氨基酸类物质。C3 荧光组分主要是由河道底泥中的有机质在微生物作用下形成并通过扩散释放到上覆水体中，第二主成分反映了以微生物自身生命过程为代表的内源污染，其对沈阳市典型黑臭水体中的 DOM 的贡献率为 25.5%。C1 和 C3 在第二主成分中提取因子分别达到 95.7% 和 95.1%，显示出很强的内源性。

# 5.3 致黑致臭特征污染物的来源探索

## 5.3.1 致黑特征污染物来源分析

以沈阳市 5 条典型黑臭河段为研究对象，根据河流和底泥中重金属及硫化物监测数据，通过主成分分析，识别出沈阳市黑臭水体致黑污染物的主要污染来源。由分析结果（表 5-1）可知主成分 F1、F2 和 F3 的累计方差贡献率达到了 88.52%，特征值都大于 1，以组分的载荷高于 0.70 作为显性因子，第一主成分（F1）是方差贡献率最高的因子，包括水体中的 Fe、$S^{2-}$；第二主成分（F2）中主导的致黑污染物主要是底泥中的 Fe 和 Mn。第三主成分（F3）中主导的致黑污染物是底泥中的 Cu 和 Hg。

**表 5-1 致黑污染物主成分方差贡献率和因子载荷**

| 污染物 | 主成分 F1 | 主成分 F2 | 主成分 F3 |
|---|---|---|---|
| 方差贡献率/% | 45.867 | 23.686 | 18.968 |
| 特征值 | 3.669 | 1.895 | 1.517 |
| Mn（泥） | −0.318 | 0.890 | 0.031 |
| Cu（泥） | 0.398 | 0.043 | 0.892 |
| Hg（泥） | 0.251 | 0.022 | 0.902 |
| Fe（泥） | 0.483 | 0.716 | 0.435 |
| $S^{2-}$（泥） | 0.573 | −0.302 | 0.475 |

续表

| 污染物 | 主成分 F1 | 主成分 F2 | 主成分 F3 |
| --- | --- | --- | --- |
| S²⁻（水） | 0.751 | −0.076 | −0.641 |
| Fe（水） | 0.835 | −0.170 | −0.460 |
| Mn（水） | −0.370 | −0.679 | 0.508 |

第一主成分代表水体中的 Fe 和 S²⁻对水体发黑具有较大的贡献，表明外源污染是水体致黑的主要原因之一。在缺氧和厌氧状态下水体中的 Fe、Mn 等金属离子与水中的 S²⁻形成 FeS、MnS 等化合物，当水中悬浮颗粒吸附该类化合物时致使水体变黑。第一主成分方差贡献率为 45.87%。第二和第三主成分均为底泥中的金属离子 Fe、Mn、Cu 和 Hg。表明内源也是导致水体发黑的重要因素。底泥在水力冲刷、人为扰动以及生物活动影响下，引起沉积底泥再悬浮，进而在一系列物理-化学-生物综合作用下吸附在底泥颗粒上的污染物与孔隙水发生交换，从而向水体中释放污染物，大量悬浮颗粒漂浮在水中，导致水体发黑、发臭，即形成二次污染。第二和第三主成分方差贡献率为 42.65%。

## 5.3.2 致臭特征污染物来源分析

本节以白塔堡河为研究对象，对黑臭水体中致臭特征污染物的来源进行了解析。通过主成分分析可了解白塔堡河黑臭水体中所检出的 14 种 VOSCs 在 31 个监测点位中的污染来源。由分析结果（表 5-2）可知主成分 F1、F2 和 F3 的累计方差贡献率达到了 83.02%，特征值都大于 1，这 3 个主成分可以反映 31 个点位中 14 种 VOSCs 的分布情况。

以组分的载荷高于 0.70 作为显性因子，主成分 F1 是方差贡献率最高的因子，包括全部硫醇类物质和二甲基硫醚与甲乙硫醚。主要因子来自以下几个方面：大量的研究表明，富营养化水体中藻类大规模聚集死亡，释放的二甲基磺基丙酯经微生物厌氧分解可产生二甲二硫醚和小分子硫醇类物质，其中二甲二硫醚能够进一步转化成甲硫醚。白塔堡河整体为中度富营养化，不仅为藻类过度繁殖提供了条件，同时还为河流中厌氧微生物分解提供了厌氧的环境，进而导致了小分子硫醇类物质和甲硫醚的产生，说明水体的富营养化可能会导致水体恶臭。此外，河流含硫的氨基酸经微生物厌氧分解也可产生甲硫醚，因此含有蛋白质的工业废水、养殖废水和生活污水是导致水中甲硫醚产生的重要原因。白塔堡接纳河流沿岸居民的生活污水，农村段和城镇段沿程的禽畜养殖场的污水均未经处理直接排入河道，此外还有上游地区及浑南高新技术开发区的食品加工厂的废水排入，这些污染水体中的大量含硫氨基酸类物质经微生物厌氧分解导致水体发臭。综上，由小分子硫醇类物质、甲硫醚和甲乙硫醚构成的第一主成分代表微生物厌氧分解造成的二次污染，其贡献率为44.42%，这是水体富营养化和生活污水、含蛋白质的工业废水及养殖废水排放共同作用的结果。

第二主成分中主导的VOSCs有乙硫醚、二乙基二硫醚、甲丙二硫醚和1-丙基二硫醚，多为分子量较大且相对稳定的二硫化合物。白塔堡河上游的农村段的多条支流流经稻田垄沟，含硫杀虫剂的使用导致水体受农业面源污染严重。研究表明，稻田普遍使用的丁硫克百威等含硫的氨基甲酸酯类杀虫剂可分解产生致臭的VOSCs。故由乙硫醚、二乙基二硫醚、甲丙二硫醚、1-丙基二硫醚构成的第二主成分代表农业面源污染源。

第三主成分中二甲基三硫醚的载荷为0.74，其为该主成分所代表来源的典型示踪物。有研究表明二甲基三硫醚不能通过藻类代谢产生，是典型的工业污染物。因此，可以认为由二甲基三硫醚构成的第三主成分代表工业源。

表5-2　主成分方差贡献率和因子载荷

| 污染物 | 主成分 F1 | 主成分 F2 | 主成分 F3 |
|---|---|---|---|
| 方差贡献率/% | 44.42 | 30.77 | 7.83 |
| 特征值 | 6.22 | 4.31 | 1.10 |
| 乙硫醇 | 0.86 | −0.46 | 0.12 |
| 1-丙硫醇 | 0.88 | −0.44 | 0.11 |
| 2-丁硫醇 | 0.81 | −0.49 | 0.10 |
| 2-甲基-1-丙硫醇 | 0.82 | −0.50 | 0.17 |
| 1-丁硫醇 | 0.79 | 0.02 | −0.09 |
| 二甲基硫醚 | 0.88 | −0.25 | −0.03 |
| 甲乙硫醚 | 0.88 | 0.32 | 0.02 |
| 乙硫醚 | 0.51 | 0.72 | 0.05 |
| 二乙基二硫醚 | 0.09 | 0.89 | 0.31 |
| 甲丙二硫醚 | 0.32 | 0.83 | 0.14 |
| 二甲基三硫醚 | 0.01 | 0.13 | 0.74 |
| 2-丙基二硫醚 | 0.62 | 0.66 | −0.16 |
| 烯丙基二硫醚 | 0.59 | 0.24 | −0.56 |
| 1-丙基二硫醚 | 0.30 | 0.87 | −0.08 |

# 第6章 内陆水色遥感数据的获取与处理方法

## 6.1 内陆水色遥感

内陆水色遥感源于海洋水色遥感，但内陆水体也区别于海洋水体，尤其是在水体的光谱特征上，Gordon 和 Morel（1983）根据水体的光谱特征将水体分为两类：一类水体（主要是大洋开阔水体）和二类水体（主要为近岸水体和内陆水体）。一类水体光学特性主要受浮游植物及其降解物影响，而二类水体不仅受浮游植物的影响，还受其他物质如悬浮物（TSM）和有色溶解有机质（CDOM）影响。我国的内陆水体多属于二类水体。与一类水体相比，二类水体的光学特性更为复杂，但二类水体与人类的生产生活关系更为密切，通过遥感技术对其进行监测具有重要的意义。

水色是指水体在可见光至近红外波段的光谱特性，正如人眼看到的不同水体具有不同的颜色一样。水体中相关组分的浓度、分布等是水色的主要决定因素（马荣华等，2010）。各种水色参数（如 TSM 和 CDOM）和浮游植物等所特有的光学特性（包括反射率、透射率、吸收率等）对水体的光学特性都产生影响。所以，通过遥感技术获取包含水体中各类水色参数的光谱信息，对其进行水色参数定量反演被称为水色遥感。水色遥感涉及的主要参数包括叶绿素浓度、悬浮物浓度、CDOM 等。

遥感技术应用于水环境监测的历史可以追溯到 20 世纪 70 年代左右，最初它被应用于水表面光谱测量分析、海域范围的识别等基本信息的测量，但由于传感器的分辨率普遍较低，研究对象往往是一类水体，而对于近海海域和内陆水体的研究较少。近些年，随着遥感技术的蓬勃发展，新型卫星传感器的空间分辨率与时间分辨率得到了大幅度的提高，对于近海海域和内陆水体的研究才日益丰富起来。内陆水体水色遥感继承了海洋水色遥感的理论、技术和方法，但因为涉及水–气和水–底两个过程，以及水体和大气两个辐射传输过程，内陆水体遥感更为复杂，具有更高的挑战性和不确定性。内陆水体水色遥感主要通过水体的遥感反射率（Remote-sensing Reflectance）或离水辐亮度（Water-leaving Radiance）对水体的水色参数进行反演。

内陆水体是与人类生活关系最密切、受人类活动影响最剧烈的水体，水体内物质组成复杂、差异性较大，且易受水体周围生产活动以及季节影响。总体来看，内陆水体的主要光学活性物质包括悬浮物、叶绿素、CDOM 等。在海洋水色遥感的原理和相应的技术手段基础上，内陆二类水体的水色遥感技术不断丰富，发展了众多水质参数的建模理论和方法，如单波段/多波段（比值、差值等）的经验统计回归方法、神经网络方法、支持向量机、主成分分析方法等。在内陆水体水色遥感建模中，数据的采集、模型的构建、模型的验证和应用涉及地面、航天多个平台获取的遥感数据，水面样点数据以及相关的温度、风速、降水等水文气象数据，数据的质量控制是决定反演精度的重要因素。

## 6.1.1　主要水色参数

目前，国内外学者普遍关注的水色参数有叶绿素浓度、悬浮物浓度和 CDOM 等，这三类物质的浓度与水体光学特性息息相关。

（1）叶绿素浓度

藻类等浮游植物通过叶绿素进行光合作用，叶绿素浓度随着藻类等浮游植物的增加和减少而发生变化，叶绿素浓度是评价藻类等浮游植物密度的良好参数，通过测量内陆水体中的叶绿素浓度，可以估算水体中藻类的数量。叶绿素浓度可以反映水体的水质和富营养状况，对监测水环境中的物质能量循环和生态平衡有重大意义。

根据光学特性可将叶绿素可以分为两大类：第一类是大多数藻类等浮游植物色素中均包含的叶绿素 a，第二类是能通过光合作用将吸收的光能传递给叶绿素 a 的其他叶绿素，如叶绿素 b、叶绿素 c 和叶绿素 d。其中，叶绿素 a 通常作为定量分析海洋藻类等浮游植物生长情况的重要指标。藻类的生长与水体水温和营养物质浓度（氮和磷）等因素显著相关。藻类的浓度随季节不断变化：冬春季，水温较低，藻类的生长受到限制；夏秋季，温度较高，降雨将大量的营养物质带入水体中，藻类的浓度也逐渐升高。藻类过度繁殖会导致水体透明度下降，水中氧气降低，甚至可能引起水华，严重危害水生态系统的健康。

（2）悬浮物浓度

TSM 是指悬浮在水中的固体物质，包括不溶于水的有机质、无机质、微生物、黏土、泥沙等。同时，水体中含有多种营养盐、金属、塑料以及有毒有害物质等，TSM 浓度的变化会直接影响这些物质的迁移、降解和转化过程。TSM 浓度在很大程度上决定了水体的透明度、浑浊度、水色等光学性质，是地表水环境评价中的一项重要指标。因此，了解 TSM 的特征及变化规律对理解、管理和保护水体生态系统有非常重要的意义。

对于内陆水体，由于所处环境不同，TSM 的来源存在差异。TSM 的输入主要由降雨冲积引入，部分来自人类活动造成的排污和水体扰动引起的底泥上浮。近些年，过度的开发以及河岸缓冲带的破坏导致水体中 TSM 浓度显著增加，引起了政府和学者的高度关注。

（3）CDOM

CDOM 是 DOM 中对光照有响应的组成部分。CDOM 通常是指在水中尺寸微小（通常 $< 0.45\mu m$）的溶解物质。CDOM 的另一个名称为黄色物质（yellow substance）。天然水生环境中的 CDOM 主要来自腐烂的碎屑，CDOM 主要吸收从蓝光到紫外线的短波长光，纯水主要吸收波长较长的红光。因此，含 CDOM 较少的非浑浊水体看起来很蓝，而含 CDOM 较多的水的颜色将逐渐变为绿色、黄绿色。作为重要的水质参数，CDOM 可以代表 DOC，与饮用水安全、污染物迁移转化以及水生态系统碳循环直接相关。

CDOM 的来源在不同区域的水环境存在明显差异。陆源输入是内陆水体 CDOM 的主要来源。水体中大部分 CDOM 来自水域附近的腐殖质腐烂后释放的胡敏酸和富里酸。虽然 CDOM 的变化主要受自然过程的影响，但人类活动如农业、污水排放等可能会影响内陆水体的 CDOM 水平。一般来说，内陆水体中的 CDOM 浓度远高于海洋，而且内陆水体的 CDOM 浓度变化范围很大。

## 6.1.2　水色参数遥感反演原理

水色遥感通过各类传感器来测量水体关键参数的光谱特征。目前，研究者通过光学遥感技术对内陆水体水色参数进行定量反演，其主要原理是水色参数（如叶绿素浓度、CDOM 和悬浮物浓度等）吸收和散射进入水体的太阳辐射，进而导致水下光场发生改变，水体遥感反射率发生变化。根据遥感反射率与各类物质浓度之间的定量关系，通过一系列反演计算方法可得到水体中各类物质的浓度。与传统的野外采样方法相比，卫星遥感技术可以通过数次采样、建模，大范围省时省力地监控和研究水体中叶绿素浓度、CDOM 和悬浮物浓度的变化。

# 6.2 实测光谱数据的获取与处理

## 6.2.1 光谱实测原理

野外现场表观光谱观测方法可以分为剖面观测法和水表面以上观测法两类。剖面观测法可以描绘出水体光场的垂直变化，但使用仪器较为昂贵、操作过程较为复杂，而且只适用于水深大于 10m 的水体，是一类水体光谱测量的主要方法。水表面以上观测法采用与陆地光谱测量相似的仪器，通过合理设置观测几何与测量积分时间，获取表观光谱观测量，对于二类水体，是非常有效的方法（唐军武等，2004）。内陆黑臭水体采用水表面以上观测法进行光谱信息采集，以获取水体表观光谱参数。

野外试验现场采集数据主要包括水面光谱数据、辅助参数并进行现场拍照、水体采样、水质参数和太阳辐射数据。水面光谱数据包括水体上行辐亮度 $L_u$、天空光下行辐亮度 $L_{sky}$ 以及参考板的辐亮度数据 $L_p$。辅助参数包括风速、风向、时间、天气、经纬度等；水质参数包括叶绿素 a 浓度（Chl-a）、总悬浮物浓度（TSM）、有机悬浮物浓度（OSM）、无机悬浮物浓度（ISM）、氨氮（$NH_4^+$-N）、总磷（TP）、总氮（TN）、化学需氧量（COD）、五日生化需氧量（$BOD_5$）等；水体固有光学量测量包括浮游植物吸收系数 $a_{ph}$、非色素颗粒物吸收系数 $a_d$ 以及吸收系数 $a_{cdom}$ 等太阳辐射测量数据。

水面以上的光谱辐亮度信号 $L_{sw}$ 组成如下（图6-1）：

$$L_{sw} = L_w + r_{sky}L_{sky} + L_{wc} + L_g \tag{6-1}$$

式中，$L_{sw}$ 为总信号；$L_w$ 为进入水体后的光被水体散射后进入仪器的离水辐射率，含水体信息；$r_{sky}L_{sky}$ 为天空光在水面反射后进入仪器的离水辐射率，反映水表面信息，与水体信息无关，需要消除，其中 $r_{sky}$ 为气-水界面的天空光反射率；$L_{wc}$ 为水面白帽信息，需要消除；$L_g$ 为水面波浪对太阳直射光的随机反射，不含水体信息，需要消除。

水体归一化离水辐射率 $L_{wn}$ 定义如下：

$$L_{wn} = L_w F_0 / E_d(0^+) \tag{6-2}$$

式中，$F_0$ 为平均大气层外太阳辐照度；$E_d(0^+)$ 为水表面上总的入射辐照度（包含太阳直射和天空光）。

遥感反射率 $R_{rs}$ 定义如下：

$$R_{rs} = L_w / E_d(0^+) = L_{wn} / F_0 \tag{6-3}$$

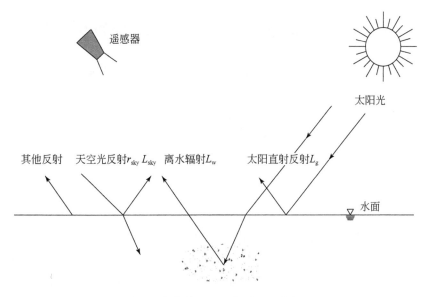

图 6-1　水体表面以上信号的组成部分

本研究中，$R_{rs}$ 计算过程如下：

$$R_{rs} = \frac{L_w}{E_d(0^+)} = \frac{L_u - r_{sky} \times L_{sky}}{\pi \times (L_p / \rho_p)} \tag{6-4}$$

式中，$L_u$ 为水体上行辐亮度；$r_{sky}$ 为水–气界面的天空光反射率，可以通过 Fresnel 公式（Mobley，1999）推算得到；$L_{sky}$ 为天空光下行辐亮度；$L_p$ 为参考板的辐亮度；$\rho_p$ 为由生产商所提供的参考板的反射率光谱。

## 6.2.2　表面法测量步骤

为提高数据的可靠性，光谱测量与辅助数据测量同步进行，并分部分项记录。根据唐军武等（2004）的研究，主要测量步骤如下：

1）提前预热仪器；
2）暗电流测量；
3）标准板测量；
4）目标测量；
5）天空光测量；
6）标准板测量。

每个采样点的光谱测量需大于 10 条，且观测时间至少要跨越一个波浪周期，以修正因测量平台摇摆而产生的误差。

# 6.3 卫星遥感数据的获取与预处理

通过卫星遥感数据进行定量反演时，数据预处理是最基础且最关键的步骤，准确的数据预处理是建立反演模型的前提。遥感图像处理是对遥感图像进行辐射校正和几何纠正、图像整饰、投影变换、镶嵌、特征提取、分类以及各种专题处理等一系列操作，以求达到预期目的的技术。本章主要对几何校正、辐射校正和大气校正进行简要介绍，并以 GF-1 和 GF-2 为例介绍遥感卫星数据预处理流程。

GF-1 于 2013 年 4 月 26 日发射，搭载了四个 16m 分辨率 WFV（Wide Field of View）宽幅相机和两个 2m/8m 的分辨率全色/多光谱 PMS（Panchromatic and Multispectral）传感器。WFV 影像的重返周期为 4 天，单景幅宽 200km；其搭载的 PMS 影像最短重返周期为 4 天，双传感器幅宽 60km。GF-2 于 2014 年 8 月 19 日成功发射，搭载两个与 GF-1 相同的 PMS 传感器，WFV 影像的重返周期为 5 天，全色/多光谱空间分辨率为 1m/4m，双传感器幅宽 45km。GF-1 和 GF-2 具有相同的波段设置，包括三个可见光波段（$0.45 \sim 0.52 \mu m$、$0.52 \sim 0.59 \mu m$、$0.45 \sim 0.69 \mu m$）和一个近红外波段（$0.77 \sim 0.89 \mu m$）。GF-1 和 GF-2 的 PMS 传感器分辨率均高于 2m，可以适用于内陆河流的监测。本研究中主要利用 GF-1 和 GF-2 的高分辨率光谱数据进行黑臭水体识别。

本研究采用 ENVI（the Environment for Visualizing Images）软件对 GF-1 和 GF-2 卫星数据进行预处理。ENVI 是采用交互式数据语言 IDL（Interactive Data Language）开发的一套功能强大的遥感图像处理软件，能够快速、便捷、准确地从影像中提取信息，应用非常广泛。

本研究针对 GF 多光谱卫星数据的预处理流程如图 6-2 所示，主要包括复原融合、几何校正、辐射校正和大气校正四个关键步骤。

## 6.3.1 复原融合

GF 多光谱卫星数据具有全色 PAN（较高分辨率）和多光谱 MSS（较低分辨率）两个数据集，在进行内陆细小水体遥感识别时，需使用较高分辨率的多光谱图像，且保证融合前后光谱的一致性。本研究采用像素刻刀高分卫星处理软件对 GF 多光谱卫星数据进行融合，这种方法适用于高分多光谱卫星数据的复原融合，可以保证融合前后光谱形状和数值基本不变，满足光谱一致性的需求。

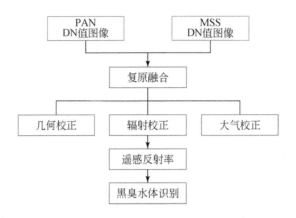

图 6-2　GF 多光谱卫星数据预处理流程

## 6.3.2　几何校正

遥感传感器平台的空间位置不断变化，加之大气反射、地球曲率和地形等地球本身因素的影响，导致遥感影像会受到几何畸变的影响。根据产生的原因，遥感影像的几何畸变可分为系统性畸变和随机性畸变两类。系统性畸变是由遥感成像系统自身造成的，有一定的变化规律，可以对其进行预测。随机性畸变一般不能提前预测，具有随机性，如受地表起伏引起的几何畸变等（汪小钦和刘高焕，2002）。

几何校正需要对遥感影像的像元进行逐一校正，主要内容为像元的坐标变换以及灰度值的重采样。坐标变换有直接法和间接法两种方法。直接法从原始图像阵列出发，依次对每一个像元分别计算其在输出（纠正后）图像的坐标。间接法从空白图像阵列出发，依次计算每个像元在原始图像中的位置，然后计算该点的灰度值并填充到该空白阵列中。坐标转换后的像元在图像中的分布并不均匀，需要按照规则对输出图像中的各像元亮度值进行内插，进而建立新的图像阵列。最常用的内插方法有最邻近法、双线性内插法和三次卷积法等。

GF 多光谱影像 L1 级数据未经过几何精校正处理，存在一定的几何偏差，在城市黑臭水体识别和监测过程中，几何校正显得尤为重要。几何校正的参考影像可以选择 Google Earth 精校正图像或其他具有较高分辨率的卫星影像。GF 多光谱卫星的几何校正主要以研究区的参考影像为基准，根据研究区的 DEM 以及 GF 多光谱影像自带的 RPC 文件开展。对于大数据量的业务化处理，选择利用像素工厂遥感图像自动化处理系统进行几何校正。利用空中三角测量（空三）解算和优化卫星影像定位参数，然后对卫星影像进行正射纠正，消除地形影响导致的影像位置错误，实现多景相邻影像间的精确配准。相邻影像间的精确配准以及多时序影像的绝对几何校正，对进行城市黑臭水体动态变化的分析十分重要。

## 6.3.3　辐射定标

辐射失真是影响卫星遥感影像质量的另一个重要因素。辐射失真通常指遥感传感器在接收地物目标的电磁辐射时，在大气传输过程中受到其物体本身特性、地形地貌、太阳高度角及大气条件等因素的影响，导致传感器接收的辐射率与地物目标的真实辐射率有所差异。辐射校正是指对数据获取和传输过程中产生的系统的、随机的辐射失真或畸变进行校正，消除或改正因辐射误差而引起影像畸变的过程（张定安等，2016）。

辐射定标可以分为绝对定标和相对定标两类。绝对定标是指通过各种标准辐射源，在不同波谱段建立成像光谱仪入瞳处的光谱辐射亮度值与成像光谱仪输出的数字量化值之间的定量关系。相对定标是指确定场景中各像元之间、各探测器之间、各波谱之间以及不同时间测得的辐射量的相对值。

本研究辐射定标采用中国资源卫星应用中心公布的绝对辐射定标系数进行绝对定标，计算公式为

$$L_e(\lambda_e) = \text{Gain} \cdot \text{DN} + \text{Offset} \tag{6-5}$$

式中，$L_e(\lambda_e)$ 为转换后辐亮度；DN 为卫星传感器观测值；Gain 为定标斜率；Offset 为绝对定标系数偏移量。

在此基础上，利用辐射定标的结果计算大气层顶表观反射率（Apparent Reflectance at Top of Atmosphere，TOA）$R_t(\lambda)$，计算公式为

$$R_t(\lambda) = \frac{\pi \times L_\lambda}{F_0(\lambda) \times \cos\theta_0} \tag{6-6}$$

式中，$L_\lambda$ 为辐射定标后的辐亮度，由增益 Gain 和偏移 Offset 计算得到；$F_0(\lambda)$ 为大气顶层太阳平均光谱辐射；$\theta_0$ 为太阳的天顶角。

## 6.3.4　大气校正

地物辐射能量在传输过程中会与大气层发生各种相互作用，如反射、散射和吸收等，使得能量发生衰减，并导致光谱发生一定的变化。不同波长的光在大气中的衰减程度不同，所以不同波段的影像受大气的影响也不同。太阳、地物和传感器存在不断变化的时空位置关系，导致地物辐射能量穿越的大气路径长度不尽相同，从而导致不同纬度、不同地区的影像像元受到大气影响的程度也不同。即

使是同一地物,在不同的获取时间其像元的灰度值所受到的大气影响程度也不同。大气校正就是消除这些大气影响的过程。大气影响与遥感影像获取时的当地大气光学性质、大气气溶胶成分和颗粒大小、地物目标类别、传感器波段设置,以及太阳位置等都有关系(王海君,2007)。与陆地相比,水色遥感精度要求更高:首先,遥感传感器获得的水体信号非常微弱,增大了从水体遥感影像中提取离水辐射信号的难度,对于海洋水体90%以上的信号为太阳反射、气溶胶散射和瑞利散射等,只有离水辐射才包含有用的水体信息;其次,影响水体信号的因素较多,包括各种色素、悬浮物质、CDOM等信息,区分不同物质的信号存在一定的困难;最后,水体一直处于流动状态,受人为和自然条件影响,一直处在不断的时空变化当中。

针对水色遥感大气校正的算法有很多,主要有辐射传输模型法、暗像元法以及分别针对一类水体和二类水体的校正算法等。当前较为流行的大气校正模型有MODTRAN(Moderate Resolution Transmission)模型、6S(Second Simulation of the Satellite Signal in the Solar Spectrum)模型、FLAASH(Fast Line-of-sight Atmospheric Analysis of Spectral Hypercubes)模型等。

受传感器光电系统特性和大气吸收、散射等原因的影响,GF多光谱卫星数据存在一定的失真,并且不同时相的影像失真情况不同。然而,监测黑臭水体是一个长期动态的过程,获取真实的水体遥感反射率尤为重要。传统的大气校正模型(6S模型、FLAASH模型、MODTRAN模型等)以气溶胶光学厚度作为输入参数。如果只是开展一次星地同步实验,可以利用太阳光度计实地测量气溶胶光学厚度数据。但如果要通过GF多光谱卫星数据开展业务化应用,则需要基于图像自身反演气溶胶光学厚度数据。根据以往研究,清洁水体一般采用2个近红外波段来获取气溶胶信息(Gordon and Wang,1994),浑浊水体一般采用2个短波红外波段来获取气溶胶信息(Wang and Shi,2007)。而GF多光谱卫星数据缺少专门用于大气校正的2个近红外波段或者2个短波红外波段,因此无法应用常用的水体大气校正方法。为实现GF多光谱卫星数据大气校正的业务化自动处理流程,本书选择基于不变地物法的相对辐射归一化方法。首先以建立的标准辐射参考数据库作为参考,针对待处理的GF多光谱影像的空间位置及成像时间,从标准辐射参考数据库中选择时空相对应的数据;然后基于多元变化检测(Multivariate Alteration Detection,MAD)算法搜索待校正影像和参考数据的不变目标地物;最后利用这些不变目标地物的像元建立待校正影像和参考数据的线性回归方程,逐波段地进行相对辐射归一化处理。将待校正影像和参考数据相对应的数据进行线性的大气校正。

## 6.3.5　水体精细提取

　　城市河道通常较为狭长且水体流动性较差，受人为干扰严重，水体问题复杂多样，存在富营养化、水华、黑臭等多种现象。河道两岸高大建筑物、植被、云产生的阴影，河道内部水体受太阳辐射产生的耀斑以及岸边的混合像元都会掩盖和影响水体的真实信息，导致利用归一化差异水体指数（NDWI）等常规的水体提取模型会产生大量误提和漏提的现象。所以为了提高识别精度，在利用 NDWI 对水体进行粗提取后，对误提的水草、水华、地物阴影、云以及太阳耀斑等进行人工剔除，对漏提的细小水体进行补充，获取精细的水体矢量。

# | 第 7 章 | 　黑臭水体的光学特性

## 7.1　材料与方法

### 7.1.1　野外数据获取

（1）现场试验点位布设及检测指标

在沈阳市、抚顺市 2 个东北典型城市分期分别开展了野外水面试验工作。2016 年 10 月在沈阳市建成区黑臭区域开展了 1 次野外水面试验，获取了 28 个采样点数据和 1 次 GF-2 同步过境等数据。2017 年 10 月在沈阳市和抚顺市建成区黑臭区域开展了 1 次野外水面试验工作，获取了 31 个采样点数据。其中，在沈阳市采集了 21 个采样点，在抚顺市采集了 10 个采样点。

野外现场试验工作主要开展水体光谱现场测量、水质参数现场测量、其他辅助参数现场测量，以及采集水样等。

（2）水体光谱现场测量

水面光谱采用表面法进行测量。美国分析光谱仪器（Analytical Spectral Devices，ASD）公司生产的 FieldSpec4 地物光谱仪 Hi-Res NG 可在 350～2500nm 波长范围内进行连续测量，如图 7-1 所示。光谱测量时间为 9：00～15：00，采样过程中天空晴朗少云，微风，水面较为平静。测量观测几何采用二类水体水面以上光谱测量的方法，依靠设计的便携式离水辐射观测支架实现观测平面与太阳入射平面的夹角 $90° \leqslant \varphi_v \leqslant 135°$（背向太阳），仪器与水面法线方向的夹角 $30° \leqslant \theta_v \leqslant 45°$，如图 7-2 所示。

（3）水质参数现场测量

图 7-3 为野外采集水样和现场测量水质参数。现场检测的指标主要为 SD（cm）、水温（℃）、DO（mg/L）、pH、ORP（mV）等水质参数。

SD 采用塞氏盘（>330mm）和 TDJ-330 型透明度计（<330mm）测量。水温、DO 由美国维赛 YSI550A 溶解氧测定仪测量。pH 由上海三信 SX-610 PH 试笔测量。ORP 由 CT-8022 笔式 ORP 计测量。

图 7-1　地物光谱仪

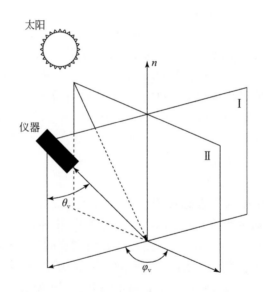

图 7-2　测量观测几何

（4）其他辅助参数现场测量

图 7-4 为其他辅助参数现场测量。记录每个采样点监测时的 GPS 点位坐标、风速、风向、天气状况、水面状况、大气气溶胶光学厚度等辅助观测参数，并对每个站点拍摄现场照片。使用美国 Solar Light 公司生产的 Microtops Ⅱ 型手持式太阳光度计和配套的手持 GPS 测量试验区域上空气溶胶光学厚度。测量时先打开 GPS，搜到卫星信号，在五通道前盖关闭的情况下打开 Microtops，GPS 连接，确定实时时间、经纬度及高程信息。掀开五通道前盖，对向光源处，调节

(a) TDJ-330型透明度计

(b) 测量溶解氧等水体参数

图7-3 野外测量现场照片

角度，使太阳光斑落入仪器 Sun target 窗口最小的光圈内保持几秒，自动记录当前信息。

(a) 测量浊度

(b) 现场记录

(c) 太阳分光光度计测量大气

(d) 透明度计

图7-4 其他辅助参数现场测量

（5）采集水样

使用标准采样器，从水面至水下 50cm 处采集水样。在需要采集水样的试验中，测量光谱的同时采集船体周围的水样至洁净的容器中，并记录点号，以备后续室内试验测量和分析。为防止水样变质，在保温箱中放置冰块，在低温下冷藏水样。

## 7.1.2　室内数据处理方法

在实验室内，对光谱进行处理，并利用分光光度计测量水样固有光学量。固有光学量主要测量总悬浮物吸收系数 $a_p(\lambda)$、浮游植物吸收系数 $a_{ph}(\lambda)$、非色素颗粒物吸收系数 $a_d(\lambda)$ 和 CDOM 吸收系数 $a_{CDOM}(\lambda)$。

室内水质参数主要测量 Chl-a（μg/L）、TSM（mg/L）、OSM（mg/L）、ISM（mg/L）、$NH_4^+$- N（mg/L）、TN（mg/L）、TP（mg/L）、COD（mg/L）、$BOD_5$（mg/L）。

（1）水体光谱数据计算

遥感反射率（$R_{rs}$）是刚好在水表面以上的离水辐亮度 $L_w(\lambda)$ 与下行辐照度的比值 $E_s(\lambda)$：

$$R_{rs} = \frac{L_w(\lambda)}{E_s(\lambda)} \tag{7-1}$$

遥感反射率是水色遥感中最常用和最重要的表观光学量，不能直接测量，必须结合一定的测量方法和相应的数据处理分析才能得到。

（2）总悬浮物吸收系数的测量与计算

颗粒物形式的总悬浮物吸收系数和非色素颗粒物吸收系数的测量采用的方法称为定量滤膜技术（Quantitative Filter Technique，QFT）。利用分光光度计测量总颗粒物吸收系数和非色素颗粒物吸收系数。将一定体积 $V$ 的水样用直径 47mm 的 GF/F 滤膜过滤，在分光光度计下测定滤膜上颗粒物的吸光度，经放大因子校正：

$$OD_s = 0.378 OD_f + 0.523 OD_f^2 \quad OD_f \leq 0.4 \tag{7-2}$$

式中，$OD_s$ 为校正后的滤膜上的悬浮颗粒物吸光度；$OD_f$ 为仪器测定的滤膜上的悬浮颗粒物吸光度。

进一步根据式（7-3）得到总悬浮物吸收系数：

$$a_p(\lambda) = 2.303 \frac{S}{V} OD_s(\lambda) \tag{7-3}$$

其中，$V$ 为过滤水样的体积；$S$ 为沉积在滤膜上的颗粒物的有效面积。

（3）非色素颗粒物吸收系数的测量与计算

在测量总悬浮物吸收系数的同时，取同样体积的水样加入一定体积的次氯酸钠溶液，静止一段时间，使得水体中色素被次氯酸钠完全漂白并去除，过滤完全后，取下样品滤膜，采用测量总悬浮物吸收系数的方法得到非色素颗粒物吸收系数 $a_d(\lambda)$。

（4）浮游植物吸收系数的计算

浮游植物吸收系数 $a_{ph}(\lambda)$ 等于总悬浮物吸收系数与非色素颗粒物吸收系数之差，具体计算见式（7-4）所示：

$$a_{ph}(\lambda) = a_p(\lambda) - a_d(\lambda) \tag{7-4}$$

（5）CDOM 吸收系数的测量与计算

CDOM 是对水体光学特性有明显影响的溶解性物质，通常认为水样用 0.22μm 孔径滤膜过滤后就得到溶解性物质和纯水的混合物。通过 0.22μm 的 Millopore 滤膜过滤水样，用 5cm 的比色皿在分光光度计下测定吸光度，然后根据式（7-5）进行计算得到各波长的吸收系数：

$$a_{CDOM}(\lambda') = 2.303 \frac{D(\lambda)}{r} \tag{7-5}$$

式中，$a_{CDOM}(\lambda')$ 为校正前的 CDOM 吸收系数；$D(\lambda)$ 为仪器测量吸光度；$r$ 为光程路径。

过滤的溶液中可能残留细小颗粒，引起散射，而大部分散射并没有被接收器接收，使得得到的 $a_{CDOM}(\lambda')$ 被高估了，需要使用式（7-6）对其进行散射校正：

$$a_{CDOM}(\lambda) = a_{CDOM}(\lambda') - a_{CDOM}(\lambda_{null}) \tag{7-6}$$

式中，$a_{CDOM}(\lambda)$ 为经过散射校正的 CDOM 吸收系数；$a_{CDOM}(\lambda_{null})$ 为散射校正项。首先计算每连续 10nm 的 $a_{CDOM}(\lambda)$ 均值，然后求这些均值的最小值作为 $a_{CDOM}(\lambda_{null})$。

（6）室内水质参数的测量与计算

在实验室测量中，Chl-a 浓度采用"热乙醇萃取法"测量；悬浮物浓度采用"烧失量法"测量；利用 550℃ 煅烧后称重测量得到有机悬浮物（ISM），余下的物质为 OSM。

$COD_{Cr}$ 和 $NH_4^+$-N 采用相应的哈希试剂快速测定。TN、TP 分别采用过硫酸钾氧化-紫外分光光度法、钼酸铵分光光度法测定。$BOD_5$ 测定方法参考《水和废水监测分析方法（第四版）（增补版）》。

# 7.2  黑臭水体光学特性分析

## 7.2.1  沈阳市黑臭水体光学特性分析

根据 2016 年 10 月和 2017 年 10 月两次现场调研，测得沈阳市 2 期遥感光学数据，包括遥感反射率（$R_{rs}$）、总悬浮物吸收系数（$a_p$）、非色素颗粒物吸收系数（$a_d$）、浮游植物吸收系数（$a_{ph}$）、CDOM 吸收系数（$a_{CDOM}$）5 项指标。

（1）遥感反射率

2016 年采集的沈阳市黑臭水体样点的遥感反射率如图 7-5 所示。沈阳市黑臭水体遥感反射率在 400~900nm 波段出现 3 个反射峰和 1 个反射谷，第 1 个反射峰在 500~600nm，第 2 个反射峰在 700nm 附近，第 3 个反射峰在 800nm 附近，反射谷则出现在 750nm 附近。除北运河附近的支流 I 外，其余 4 条支流波峰和波谷均不突出，整体走势很平缓。重度黑臭水体支流 I 水体表面呈白灰色，与其他黑臭水体相比，颜色较浅，导致其遥感反射率呈现与正常水体类似的明显的波峰和波谷，这是一类特殊的黑臭水体，可能与附近的塑料、电器生产行业污染有关，但其在固有光学特性上与其他黑臭水体没有明显的区别。与 2016 年 10 月相比，2017 年 10 月重度黑臭水体支流 I 的遥感反射率与其他黑臭水体已没有明显的区别，可能与周围企业排污治理有关，如图 7-6 所示。

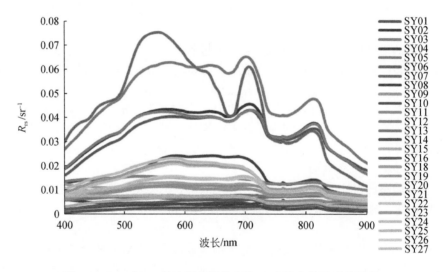

图 7-5　2016 年 10 月沈阳市黑臭水体 26 个样点的遥感反射率

（2）总悬浮物吸收系数

沈阳市黑臭水体各采样点的总悬浮物吸收系数曲线均随着波长的增大逐渐减小，如图 7-7 所示。轻度和重度黑臭水体的总悬浮物吸收系数在短波部分差异较大，在长波处的差异较小；各采样点在 675nm 附近有一个吸收峰，主要是由 Chl-a 导致。可以看出，轻度黑臭水体的总悬浮物吸收系数较小，重度黑臭水体的总悬浮物吸收系数较大，2 类水体差异明显。与 2016 年 10 月相比，2017 年 10

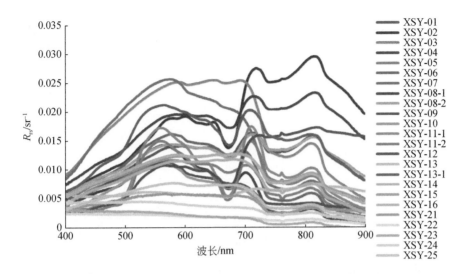

图 7-6　2017 年 10 月沈阳市黑臭水体 21 个样点的遥感反射率

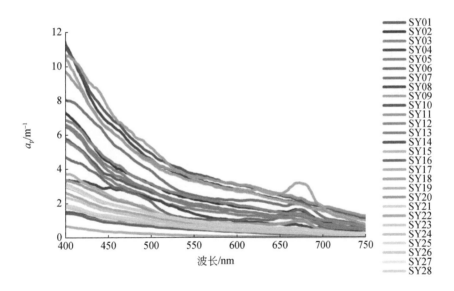

图 7-7　2016 年 10 月沈阳市黑臭水体 28 个样点的总悬浮物吸收系数

月沈阳市黑臭水体各采样点的总悬浮物吸收系数总体上大幅度减小，如图 7-8 所示。

（3）非色素颗粒物吸收系数

沈阳市黑臭水体各采样点的非色素颗粒物吸收系数曲线均随着波长的增大逐渐减小，如图 7-9 所示。轻度和重度黑臭水体在短波部分的总悬浮吸收系数差异

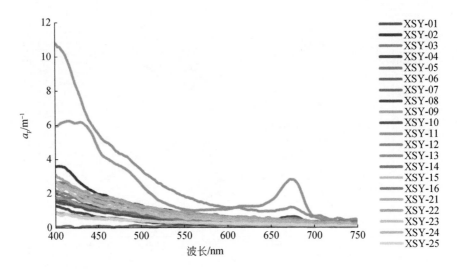

图 7-8　2017 年 10 月沈阳市黑臭水体 21 个样点的总悬浮物吸收系数

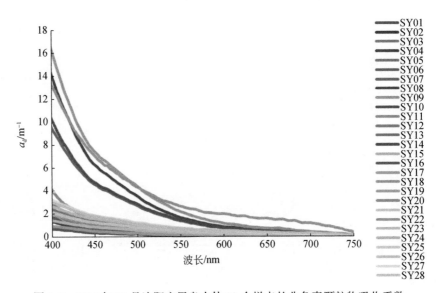

图 7-9　2016 年 10 月沈阳市黑臭水体 28 个样点的非色素颗粒物吸收系数

较大，长波处的差异较小；轻度黑臭水体的非色素颗粒物吸收系数较小，重度黑臭水体的非色素颗粒物吸收系数较大，2 类水体差异明显。与 2016 年 10 月相比，2017 年 10 月沈阳市黑臭水体各采样点的非色素颗粒物吸收系数呈明显下降趋势，如图 7-10 所示。

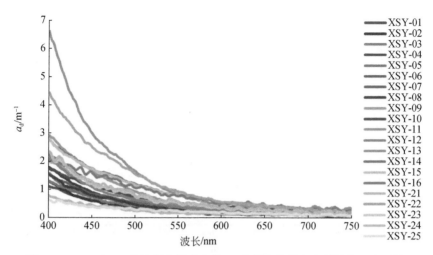

图 7-10  2017 年 10 月沈阳市黑臭水体 21 个样点的非色素颗粒物吸收系数

（4）浮游植物吸收系数

沈阳市黑臭水体各采样点的浮游植物吸收系数曲线均随着波长的增大逐渐减小，如图 7-11 所示。轻度和重度黑臭水体的浮游植物吸收系数在短波部分差异较大，在长波处的差异较小；重度黑臭水体的浮游植物吸收系数总体上大于轻度黑臭水体。与 2016 年 10 月相比，2017 年 10 月沈阳市黑臭水体各采样点的浮游植物吸收系数呈明显下降趋势，如图 7-12 所示。

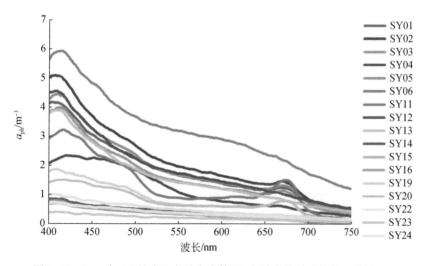

图 7-11  2016 年 10 月沈阳市黑臭水体 28 个样点的浮游植物吸收系数

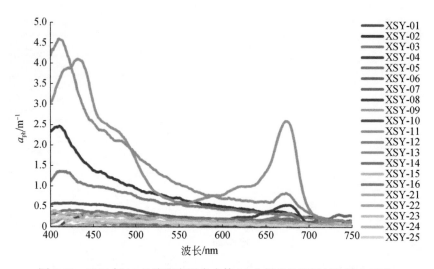

图 7-12 　 2017 年 10 月沈阳市黑臭水体 21 个样点的浮游植物吸收系数

（5） CDOM 吸收系数

沈阳市黑臭水体各采样点 CDOM 吸收系数曲线如图 7-13 所示，CDOM 吸收系数在 $400\sim700$nm 呈负指数趋势衰减，总体上随着波长的增大逐渐减小，轻度黑臭水体的吸收峰变化较为明显，且 CDOM 吸收系数总体上高于重度黑臭水体。与正常水体相比，沈阳市黑臭水体 CDOM 吸收系数较大，且轻度和重度黑臭水体

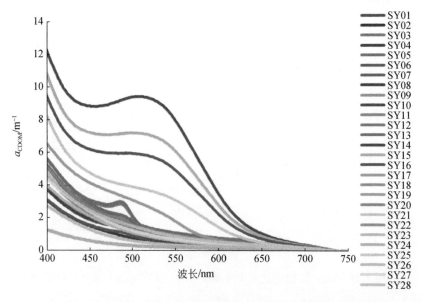

图 7-13 　 2016 年 10 月沈阳市黑臭水体 28 个样点的 CDOM 吸收系数

差异显著。与 2016 年 10 月相比，2017 年 10 月沈阳市黑臭水体各采样点的 CDOM 吸收系数呈明显下降趋势，如图 7-14 所示。

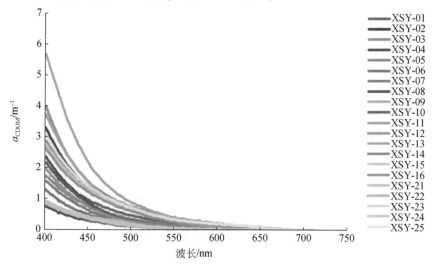

图 7-14　2017 年 10 月沈阳市黑臭水体 21 个样点的 CDOM 吸收系数

## 7.2.2　抚顺市黑臭水体光学特性分析

根据 2017 年 10 月现场调研，测得抚顺市 1 期遥感光学数据，包括遥感反射率、总悬浮物吸收系数、非色素颗粒物吸收系数、浮游植物吸收系数、CDOM 吸收系数 5 项指标，各项指标测定结果如下。

（1）遥感反射率

2017 年采集的抚顺市黑臭水体 10 个样点的遥感反射率如图 7-15 所示。与沈阳市黑臭水体类似，抚顺市黑臭水体遥感反射率在 400 ~ 900nm 波段出现 3 个反射峰和 1 个反射谷，第 1 个反射峰在 500 ~ 600nm，第 2 个反射峰在 700nm 附近，第 3 个反射峰在 800nm 附近，反射谷则出现在 750nm 附近。与 2017 年 10 月沈阳市黑臭水体相比，抚顺市黑臭水体遥感反射率相对较高，表明水体黑臭程度相对较低。

（2）总悬浮物吸收系数

抚顺市黑臭水体各采样点的总悬浮物吸收系数曲线均随着波长的增大逐渐减小。但未出现明显的波峰，如图 7-16 所示。与 2017 年 10 月沈阳市黑臭水体相比，抚顺市黑臭水体总悬浮物吸收系数明显较高，尤其是 7 号和 8 号采样点，表明水体中悬浮物浓度相对较高。

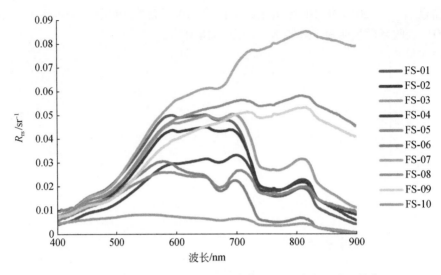

图 7-15　2017 年 10 月抚顺市黑臭水体 10 个样点的遥感反射率

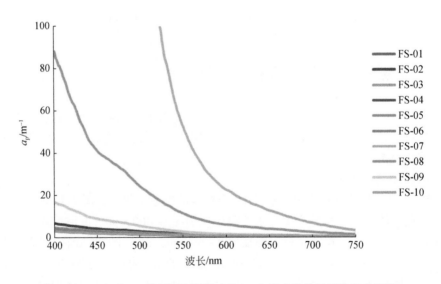

图 7-16　2017 年 10 月抚顺市黑臭水体 10 个样点的总悬浮物吸收系数

（3）非色素颗粒物吸收系数

抚顺市黑臭水体各采样点的非色素颗粒物吸收系数曲线均随着波长的增大逐渐减小，如图 7-17 所示。与 2017 年 10 月沈阳市黑臭水体相比，抚顺市黑臭水体非色素颗粒物吸收系数呈明显上升趋势，尤其是 7 号和 8 号采样点，表明水体中颗粒物浓度相对较高，如图 7-17 所示。

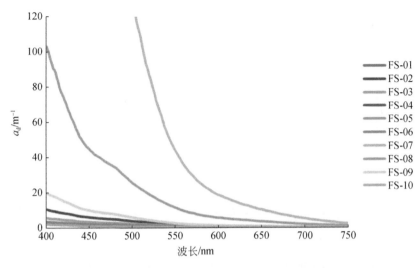

图 7-17　2017 年 10 月抚顺市黑臭水体 10 个样点的非色素颗粒物吸收系数

（4）浮游植物吸收系数

抚顺市黑臭水体各采样点的浮游植物吸收系数曲线总体上均随着波长的增大逐渐减小，如图 7-18 所示。与 2017 年 10 月沈阳市黑臭水体相比，抚顺市黑臭水体浮游植物吸收系数处于较低水平，这表明叶绿素浓度较低。

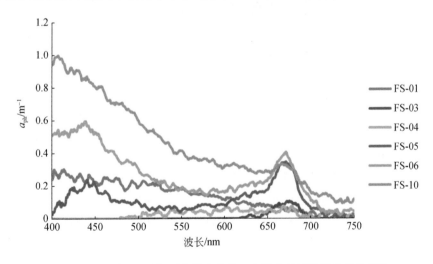

图 7-18　2017 年 10 月抚顺市黑臭水体 6 个样点的浮游植物吸收系数

（5）CDOM 吸收系数

抚顺市黑臭水体各采样点 CDOM 吸收系数曲线如图 7-19 所示。CDOM 吸收

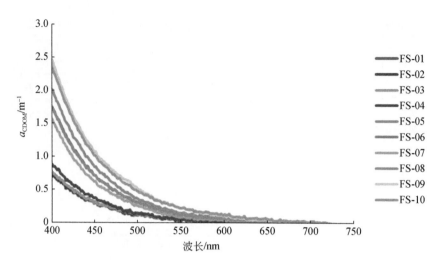

图 7-19　2017 年 10 月抚顺市黑臭水体 10 个样点的 CDOM 吸收系数

系数在 400～700nm 呈负指数趋势衰减，随着波长的增大而逐渐减小。与 2017 年 10 月沈阳市黑臭水体相比，抚顺市黑臭水体各采样点的 CDOM 吸收系数呈明显下降趋势，表明水体中 CDOM 浓度较低。

## 7.2.3　沈阳市一般水体与黑臭水体遥感反射率差异

开展沈阳市黑臭水体与一般水体的遥感反射率光谱差异研究是为了给沈阳市黑臭水体识别模型的构建提供基础。将所采集的黑臭水体、一般水体的遥感反射率光谱进行对比，并展示了现场照片，如图 7-20 所示。

图 7-20 中，一般水体 HH06、HH16 和 P1 分别为 2016 年 9 月采集的浑河点位（HH）和蒲河点位（P）；黑臭水体 SY01、SY05、SY10、SY18 和 SY21 分别为 2016 年 10 月采集的 5 条黑臭水体的点位，包括北运河附近两条支流、微山湖路附近支流、细河和辉山明渠等。可以看出，SY01 和 SY05 黑臭水体颜色呈现较为浑浊的灰绿色，其遥感反射率与一般内陆水体的光谱相似，但整体较高（>0.015sr$^{-1}$），遥感反射率在 400～580nm 波段随波长的增加而逐渐上升，这主要是由 CDOM 吸收和非色素颗粒物吸收共同作用形成的；在 500～600nm 波段，遥感反射率都有一个平缓的峰，但比一般水体的峰要平缓很多；在 600～700nm 波段，遥感反射率仍然要比一般水体变化小，在 675nm 附近有明显的特征谷，表示 Chl-a 在此处有明显的吸收峰；在 700nm 之后，纯水吸收陡增使得遥感反射率呈现陡降的特征；因在 806nm 附近的特征峰是由于该波长存在纯水的局部吸收

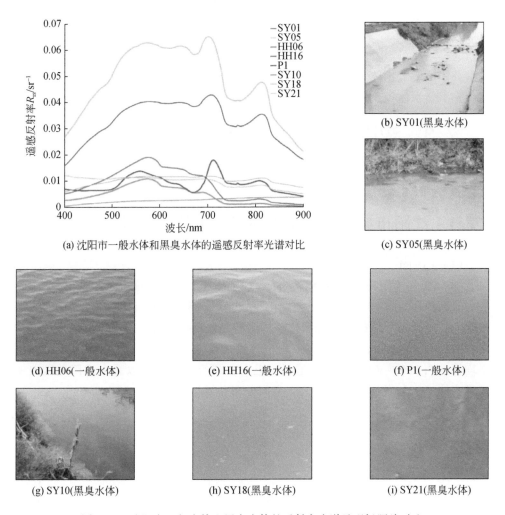

(a) 沈阳市一般水体和黑臭水体的遥感反射率光谱对比

(b) SY01(黑臭水体)

(c) SY05(黑臭水体)

(d) HH06(一般水体)　　　　　(e) HH16(一般水体)　　　　　(f) P1(一般水体)

(g) SY10(黑臭水体)　　　　　(h) SY18(黑臭水体)　　　　　(i) SY21(黑臭水体)

图 7-20　沈阳市一般水体和黑臭水体的反射率光谱及现场照片对比

谷，所以该波长处的遥感反射率主要由总悬浮颗粒物的后向散射决定。

SY10、SY18 和 SY21 黑臭水体呈现黑灰色，其遥感反射率整体偏低（$<0.012sr^{-1}$）。在 $400 \sim 700nm$ 可见光范围内几乎没有特征峰和谷，在 $806nm$ 附近的反射峰特征也不是十分明显。

HH06、HH16 和 P1 为一般水体，呈现绿或浅绿色。HH06 为正常水体，Chl-a 含量为 $1.51mg/m^3$，水体颜色呈现浅绿色，其遥感反射率受浮游植物色素吸收影响较小，在 $550nm$ 附近有一个明显的反射峰。蒲河是富营养化水体，P1 的 Chl-a 含量为 $321.47mg/m^3$，水体颜色呈现绿色。受浮游植物色素吸收特征的影响，P1 反射率光谱在 $440nm$、$675nm$ 和 $620nm$ 附近的特征谷分别是由 Chl-a 色素吸收和藻蓝蛋白色素吸收引起的，共同形成了 550nm、650nm 和 700nm 附近的反射峰。

通过对比可以看出，不论是灰绿色的还是黑灰色的黑臭水体，其遥感反射率光谱都要比一般水体变化更为平缓，这个明显的光谱特征差异为利用高分卫星影像识别黑臭水体提供了理论基础。

# 7.3　沈阳市黑臭水体遥感光学特性与水体 DOM 及致黑污染物相关性

## 7.3.1　沈阳市典型黑臭水体固有光学特性分析

（1）CDOM

图 7-21 为沈阳市黑臭水体各采样点 CDOM 吸收系数曲线，可以看出，CDOM 的吸收系数在 250~800nm 光谱范围内呈负指数趋势衰减，随着波长的增大逐渐减小，轻度黑臭水体的吸收峰变化较为明显，且吸收系数高于重度黑臭水体。其中，特征波长 440nm 处的光谱吸收系数最大值为 8.95m$^{-1}$，最小值为 0.68m$^{-1}$，平均值为 3.11m$^{-1}$（图 7-22）。通过与已有的研究对比，可以看出沈阳地区典型黑臭水体 CDOM 的吸收系数较大，空间分布差异显著。

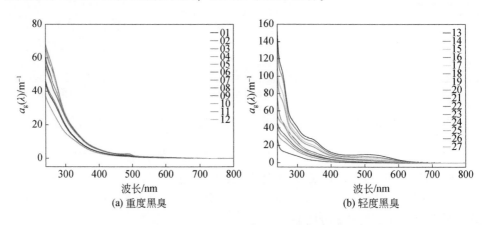

图 7-21　采样点 CDOM 吸收系数曲线

（2）总悬浮物吸收系数

沈阳市 5 个典型黑臭水体各采样点的总悬浮物吸收系数曲线均随着波长的增大逐渐减小（图 7-23）。轻度和重度黑臭水体在短波部分的吸收系数差异较大，

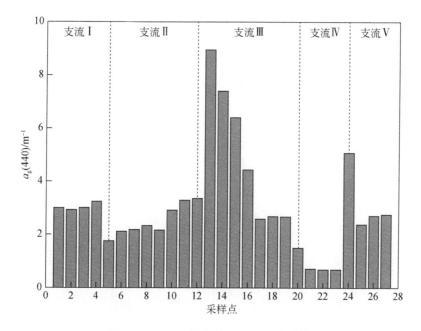

图 7-22　440nm 波长处 CDOM 吸收系数

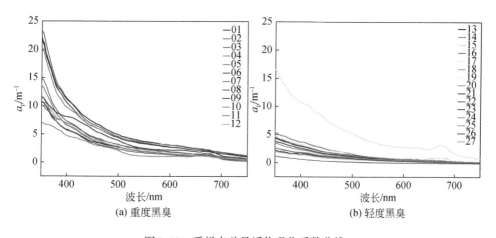

图 7-23　采样点总悬浮物吸收系数曲线

长波处的差异较小。各采样点在 675nm 附近有一个吸收峰，主要是由 Chl-a 导致。所有采样数据的总悬浮物吸收系数曲线中，440nm 处的吸收系数最大值为 8.50m$^{-1}$，最小值为 0.41m$^{-1}$，平均值为 3.60m$^{-1}$（图 7-25）。图 7-24 为所有采样点在 440nm 波长处的总悬浮物吸收系数，可以看出，研究区轻度黑臭水体（除一个异常点 17 外）的总悬浮物吸收系数较小，重度黑臭水体的总悬浮物吸收系数较大，即空间变异特征比较明显。

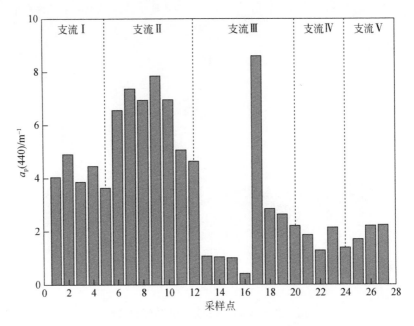

图 7-24　440nm 波长处总悬浮物吸收系数

## 7.3.2　沈阳市黑臭水体表观光学特性分析

沈阳市 5 个典型黑臭水体 27 个实测点的遥感反射率如图 7-25 所示。与已知的正常水体相比，城市黑臭水体遥感反射率普遍较低，且随着色度的加深遥感反射率逐渐降低。沈阳市典型黑臭水体遥感反射率在可见光波段出现三个反射峰，和一个反射谷，第一个反射峰在 500~600nm，第二个反射峰在 700nm 左右，第三个反射峰在附 800nm 附近，反射谷则出现在 750nm 附近。除支流Ⅰ外，其余 4 条支流峰谷均不突出，整体走势很平缓。如图 7-26 所示，重度黑臭水体（支流Ⅰ）水体表面呈白灰色，与其他呈黑色的水体相比颜色较浅，在 700nm 左右出现与正常水体相类似的较为明显的反射峰。

## 7.3.3　相关性分析

(1) 沈阳市 CDOM 与 DOM 的相关性
CDOM 的化学组成复杂，浓度无法精确获取，通常采用 355nm、375nm 或

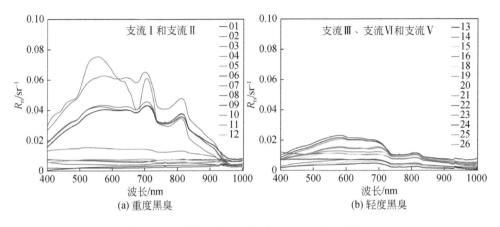

图 7-25 沈阳市黑臭水体遥感反射率光谱曲线

图 7-26 沈阳市黑臭水体 5 条支流现场实拍图

440nm 波长处的吸收系数表示 CDOM 浓度。选择 440nm 作为参考波长与黑臭水体的 DOM 做相关性分析。由图 7-27 可知，沈阳市 5 个典型黑臭水体的 CDOM 和

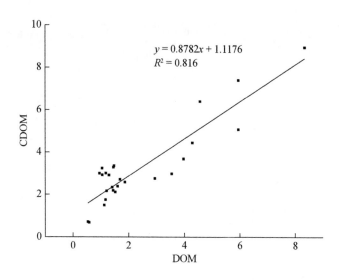

图 7-27　CDOM 与 DOM 的相关性分析

DOM 呈显著正相关，$R^2 = 0.816$，表明 CDOM 与 DOM 具有同源性，大部分可能来源于黑臭水体周边的生活污水工农业废水的输入，少部分来源于水体底泥中微生物自身的生命过程。

（2）DOM 组分敏感波段分析

为了消除不同时间、不同站位引起的外界环境因素变化对光谱测量产生影响，对水体野外实测光谱曲线数据进行归一化处理。采用 MATLAB 软件对 27 个采样点的归一化遥感反射率与 DOM 组分 $F_{max}$ 进行 Pearson 相关运算处理，在 400 ~ 900nm 波段范围内，归一化遥感反射率与 $F_{max}$ 相关性结果如图 7-28 所示。由图 7-28 可知，存在 2 个较高正相关波段（488nm 和 688nm）及一个较高负相关波段（555nm），可较好预测黑臭水体 DOM 组分的荧光强度。因此，选取正相关最大值波段和负相关最大值波段比值 $R_{688}/R_{555}$ 建立反演模型，对沈阳市黑臭水体 DOM 组分最大荧光强度进行反演。

（3）DOM 与遥感反射率回归方程建立

生活污水和工农业废水等有机质的输入，使得水体中 DOM 浓度升高，能够直接影响水体的固有光学特性。建立 DOM 组分 $F_{max}$ 与归一化遥感反射率比值 $R_{688}/R_{555}$ 的线性回归方程，可以宏观地揭示遥感监测水体中 DOM 的分布变化。图 7-29 为重度和轻度黑臭水体中 DOM 组分 $F_{max}$ 与 $R_{688}/R_{555}$ 的一元线性回归分析。根据 $R^2$ 值、相关系数和残差平方和（SSE），可以看出，DOM 组分 $F_{max}$ 与 $R_{688}/R_{555}$ 呈线性关系。$R_{688}/R_{555}$ 与轻度黑臭水体 $F_{max}$ 拟合程度较好，$R^2$ 为 0.754、相关系数为 0.868、SSE = 0.110，与重度黑臭水体拟合程度较差。

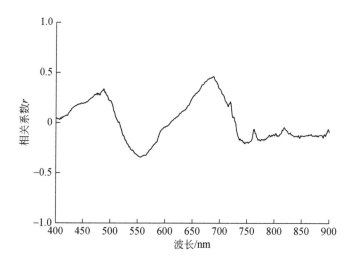

图 7-28　DOM 组分与归一化遥感反射率的相关系数

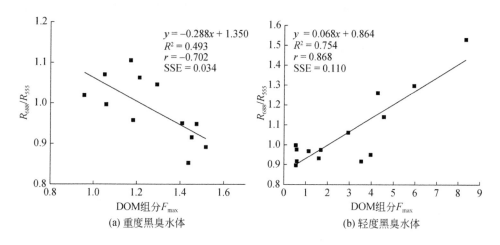

(a) 重度黑臭水体　　　　　　　　　(b) 轻度黑臭水体

图 7-29　$R_{688}/R_{555}$ 与 DOM 组分 $F_{max}$ 的回归分析

　　进一步研究发现，$R_{688}/R_{555}$ 与 DOM 组分中 C1（类色氨酸物质）的 $F_{max}$ 呈较好的线性关系，与腐殖质（C2 和 C3）和遥感反射率没有明显的线性关系。$R_{688}/R_{555}$ 与 DOM 组分中 C1（类色氨酸物质）的 $F_{max}$ 的回归方程如图 7-30 所示，$R_{688}/R_{555}$ 与轻度黑臭水体中 C1 的 $F_{max}$ 拟合度（$R^2 = 0.848$、$r = 0.921$、SSE $= 0.068$）明显优于重度黑臭水体。对比 $R_{688}/R_{555}$ 与 DOM 总体 $F_{max}$ 的拟合方程和 C1 组分 $F_{max}$ 的拟合方程发现，5 条黑臭水体的 $R_{688}/R_{555}$ 与 C1 的 $F_{max}$ 的拟合方程 $R^2$ 值均大于其与 DOM 总体 $F_{max}$ 的拟合方程 $R^2$ 值，拟合程度较好。

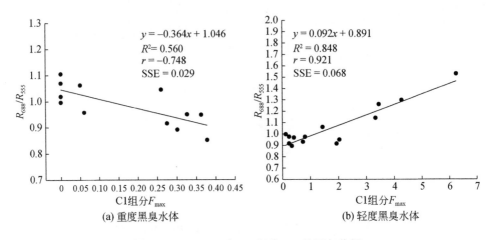

(a) 重度黑臭水体　　　　　　　(b) 轻度黑臭水体

图 7-30　$R_{688}/R_{555}$ 与 C1 组分 $F_{max}$ 的回归分析

　　由上述研究可知，重度黑臭水体中悬浮物较多，同时也可能受灰白色重度黑臭水体支流 I 的特殊遥感反射率作用，$R_{688}/R_{555}$ 与重度黑臭水体中的 DOM 和 C1 组分拟合效果较差。腐殖质（C2 和 C3）与 $R_{688}/R_{555}$ 没有明显的线性关系，表明沈阳市 5 条黑臭水体的 DOM 中的类色氨酸物质是影响遥感反射率的主要因素。通过归一化遥感反射率比值 $R_{688}/R_{555}$ 可以对轻度黑臭水体中的 DOM 和类色氨酸物质进行较好的预测，但对重度黑臭水体中的 DOM 和类色氨酸物质的预测准确性较为一般。

　　（4）致黑物质与遥感光学特性及光谱相关性分析

　　黑臭水体遥感光学特性与致黑典型特征污染物的相关性分析如表 7-1 所示。致黑物质包括 5 条黑臭河段水中的硫化物（$S^{2-}$）、Fe 和 Mn 共 3 项指标，5 条黑臭河段底泥中的 Mn、Cu、Hg、Fe 和硫化物（$S^{2-}$）共 5 项指标监测结果。遥感光学特性指标包括 CDOM（440nm）、$a_p$（440nm）。遥感光谱指标等效遥感反射率比值 $R_{rs(G)} - R_{rs(R)}/(R_{rs(G)} + R_{rs(R)} + R_{rs(B)})$。根据相关性分析结果，固有光学特性 CDOM（440nm）与水中的 $S^{2-}$ 和 Fe 有较强的相关性，相关性系数分别为 0.748 和 0.726。$a_p$ 与水中的 Mn 和 Fe、泥中的 Mn 和 Fe 均有较强的相关性，与水中的 Fe 和 Mn 相关性为 0.586 和 0.689，与泥中的 Fe 和 Mn 相关性为 0.554 和 0.504。$R_{rs}$ 比值与 CDOM（440nm）和 $a_p$（440nm）有较强相关性，与水中和泥中的 Mn、Fe、$S^{2-}$、Cu 和 Hg 等没有明显的相关性。

表7-1　致黑物质与遥感光学特性及光谱相关性分析

| | 硫化物（水） | Fe（水） | Mn（水） | Mn（泥） | Cu（泥） | Hg（泥） | Fe（泥） | 硫化物（泥） | CDOM | $a_p$ | $R_{rs}$比值 |
|---|---|---|---|---|---|---|---|---|---|---|---|
| 硫化物（水） | 1 | | | | | | | | | | |
| Fe（水） | 0.960** | 1 | | | | | | | | | |
| Mn（水） | -0.533 | -0.122 | 1 | | | | | | | | |
| Mn（泥） | -0.300 | -0.070 | -0.350 | 1 | | | | | | | |
| Cu（泥） | 0.389 | -0.088 | -0.412 | 0.238 | 1 | | | | | | |
| Hg（泥） | 0.473 | 0.085 | 0.253 | -0.136 | 0.297 | 1 | | | | | |
| Fe（泥） | 0.047 | 0.331 | -0.234 | 0.446* | 0.197 | 0.037 | 1 | | | | |
| 硫化物（泥） | 0.202 | 0.202 | 0.243 | -0.221 | -0.410 | 0.078 | -0.159 | 1 | | | |
| CDOM | 0.748** | 0.726** | -0.181 | -0.003 | -0.286 | -0.082 | 0.158 | -0.273 | 1 | | |
| $a_p$ | -0.382 | 0.586* | 0.689** | 0.504* | 0.113 | -0.046 | 0.554* | 0.083 | -0.156 | 1 | |
| $R_{rs}$比值 | 0.264 | 0.315 | -0.19 | 0.413 | 0.165 | 0.011 | -0.212 | -0.076 | 0.557* | -0.598* | 1 |

$*p<0.05$ 表示显著，$**p<0.01$ 表示极显著

# | 第8章 | 基于卫星的黑臭水体识别模型构建

## 8.1 沈阳市黑臭水体遥感识别模型构建

### 8.1.1 基于反射率的沈阳市黑臭水体识别模型构建

利用沈阳市一般水体和城市黑臭水体的不同的 $R_{rs}$ 特征，增强两者之间的光谱差别可以区分城市黑臭水体和一般水体。利用在绿光波段到红光波段之间，一般水体变化较快而黑臭水体变化不明显这一光谱特征差别。选择绿波段与红波段的反射率差值作为分子，采用可见光 3 个波段作为分母，提出了一种改进后的归一化比值模型，即 BOI 模型（姚月等，2019）：

$$\mathrm{BOI} = \frac{R_{rs}(G) - R_{rs}(R)}{R_{rs}(B) + R_{rs}(G) + R_{rs}(R)} \leqslant T \tag{8-1}$$

式中，$R_{rs}(B)$ 为蓝光波段的遥感反射率；$R_{rs}(G)$ 为绿光波段的遥感反射率；$R_{rs}(R)$ 为红光波段的遥感反射率；$T$ 为阈值。

为了确定阈值，将 96 个实测点的数据（加入浑河和蒲河的一般水体的采样点后）经过 GF-2 影像的等效计算后，随机筛选 64 个实测点（2/3 个样本点）带入黑臭识别模型得到阈值；其余 32 个实测点（1/3 个样本点）进行检验。64 个样本点中包括黑臭水体样本点 32 个，一般水体的样本点 32 个，黑臭水体样本的 BOI 指数的范围在 -0.05 ~ 0.06，一般水体样本的 BOI 指数的范围在 0.068 ~ 0.24。如图 8-1 所示，可以确立基于实测 $R_{rs}$ 的阈值为 0.065，这一阈值可以较好地区分黑臭水体和一般水体。

### 8.1.2 基于模拟的瑞利散射校正反射率的模型构建

大气校正主要是校正大气中的气溶胶散射和瑞利散射（又称大气分子散射）（Gordon and Wang, 1994）。精确的气溶胶散射要求气溶胶光学厚度作为输入参数。如果只是开展一次星地同步实验，可以利用太阳光度计实地测量气溶胶光学厚度数据。但是，如果要利用卫星遥感数据开展定量化应用，就需要基于图像自

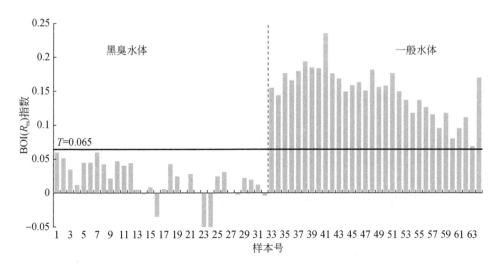

图 8-1　基于 BOI 的黑臭水体遥感识别模型的阈值确定

身反演气溶胶光学厚度数据。对于清洁水体，一般采用 2 个近红外波段来获取气溶胶信息（Gordon and Wang，1994）；对于浑浊水体，一般采用 2 个短波红外波段来获取气溶胶信息（Wang and Shi，2007）。对于 GF-2 来说，其缺少专门用于大气校正的 2 个近红外或者 2 个短波红外波段，因此无法应用常用的水体大气校正方法。与 GF-2 类似的（蓝、绿、红、近红外）4 波段遥感数据，如 HJ-CCD（Zhang et al.，2014）和 GF-1（孙林等，2016）的水体大气校正一直是一个难题。

相较气溶胶散射，瑞利散射计算简单，一般只需要以研究区大气压或者高程作为输入就可以计算得到，因此非常方便进行批处理和应用。只要使用的水体光谱指数受气溶胶散射的影响比较小，那么瑞利散射校正反射率就可以很好地应用于水体研究。很多研究表明，FAI 指数、NGRDI 指数及 PCI 指数等光谱指数已经很好地应用于水华监测、叶绿素 a 反演及藻蓝素反演等应用（Hu，2009；Qi et al.，2014）。因此，尝试使用瑞利散射校正反射率，然后寻找受气溶胶散射影响比较小的光谱指数，实现黑臭水体的识别。

基于遥感反射率 $R_{rs}$ 的黑臭识别模型应用于卫星遥感图像时，要求对图像进行精确的大气校正得到 $R_{rs}$。但是，黑臭水体卫星遥感监测要求精确大气校正过程中基于卫星图像自身反演的气溶胶信息，由于 GF-2 缺少常用于反演气溶胶信息的 2 个近红外或短波红外波段，因此，尝试利用简化的大气校正得到的瑞利散射校正反射率 $R_{rc}$ 代替 $R_{rs}$，来构建黑臭水体遥感识别算法。

为了构建基于 $R_{rc}$ 的黑臭水体遥感识别算法，要先获取黑臭水体和普通水体

的 $R_{rc}$ 数据，为此，基于大气辐射传输模型模拟的方法利用黑臭水体和一般水体的 $R_{rs}$ 计算 $R_{rc}$，计算公式为

$$R_{rc} = \rho_a + t_0 \times t \times \pi \times R_{rs} \qquad (8-2)$$

式中，$\rho_a$ 为气溶胶散射和气溶胶与瑞利之间的交叉散射；$t_0$ 为从太阳到目标的总漫射透过率；$t$ 为从目标到遥感器的总漫射透过率。

式（8-2）中的 $\rho_a$、$t_0$、$t$ 都可以利用大气辐射传输模型 6SV 计算得到。我们将 550nm 处气溶胶光学厚度 AOT（550）分别设为 0.1、0.3、0.5、0.7，基于 6SV 模型计算分别对应的 $\rho_a$、$t_0$、$t$ 参数；然后选择 20 个黑臭水体样本和 20 个一般水体样本的 $R_{rs}$，代入式（8-3），计算得到对应的 $R_{rc}$。进一步利用 $R_{rs}$ 和对应的 $R_{rc}$ 计算各自的 BOI（$R_{rs}$）和 BOI（$R_{rc}$），其散点图如图 8-2 所示。

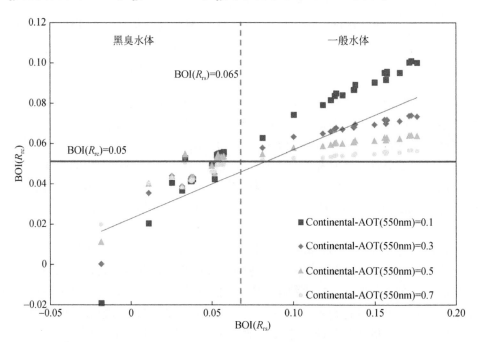

图 8-2  BOI（$R_{rs}$）与 BOI（$R_{rc}$）的相关关系

结果表明，一方面 BOI（$R_{rs}$）与 BOI（$R_{rc}$）具有较好的相关性，$R^2 = 0.69$，可以用 $R_{rc}$ 替代 $R_{rs}$ 用于识别黑臭水体。另一方面，通过两者关系可以确定基于 $R_{rc}$ 的 BOI 指数的阈值。通过对比可以看出，随着气溶胶光学厚度的逐渐增大，黑臭水体和一般水体的 BOI 指数值的差距逐渐缩小。当 AOT=0.7 的时候，对应的大气能见度大约是 5.7km，此时图像已经比较模糊。当 AOT=0.5 时，对应的大气能见度优于 8.4km，此时的图像更清晰。因此，基于瑞利散射校正反射率的 BOI

指数主要适用于那些比较清晰的遥感图像。实际上，对于气溶胶比较大、比较模糊的图像，地物的光谱差异会被大气干扰，用别的方法提取黑臭的效果也不会很好。所以只有当气溶胶光学厚度控制在一定范围内（如 AOT≤550），该黑臭识别指数（BOI 指数）才会有较好的适用性。经过反复对比，基于 $R_{rc}$ 的阈值设为 0.05 可以区分大部分黑臭水体和一般水体，但是有黑臭水体漏提的可能性。

# 8.2 沈阳市黑臭水体遥感识别模型精度评价

## 8.2.1 沈阳市模型精度评价方法

采用两种方法来评价建立的黑臭水体遥感识别模型的精度。

1）将所建立的黑臭水体遥感识别模型应用于水面现场实测的遥感反射率光谱等效模拟到 GF-2 波段来识别黑臭水体，然后利用现场实测的 4 个水质参数理化指标来判别是否为黑臭水体，以此作为真实值对识别结果进行精度评价。精度评价指标采用识别正确率：

$$识别正确率 = \frac{M}{N} \times 100\% \qquad (8-3)$$

式中，$N$ 为该类别中的总样本个数；$M$ 为采用模型后识别正确的样本个数。

2）将该方法应用于 2 景具有同步的光谱实测数据和水质实测数据的 GF-2 图像中，然后利用现场实测的 4 个水质参数理化指标对识别结果进行精度评价，仍然使用识别正确率作为评价指标。

## 8.2.2 基于光谱等效实测遥感反射率的模型精度评价

使用建模余下的 32 个实测点（1/3 个样本点）来评价 BOI 指数的精度。如图 8-3 所示，其中包括 18 个黑臭水体的样本和 14 个一般水体的样本，黑臭水体样本的 BOI 范围在 -0.045～0.061，一般水体样本的 BOI 范围在 0.08～0.2。采用阈值 0.065，识别正确率为 100%。这是因为：①利用实测光谱等效后的遥感反射率识别黑臭水体，受岸边、大气等影响特别小；②实测光谱选择的站位都是比较确定的黑臭水体和一般水体，而且沈阳市黑臭水体较为典型，黑臭水体光谱与一般水体光谱区别性较大，所以可以较好地区分，没有误判的情况。针对 32 个经光谱等效的实测数据采样点进行模型精度评价，识别正确率为 100%，模型识别精度大于 60%。

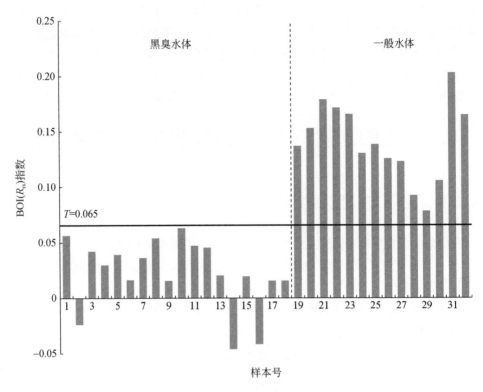

图 8-3　BOI（$R_{rs}$）指数的精度验证

## 8.2.3　基于瑞利散射校正后的同步 GF-2 影像模型精度评价

将以上方法应用于两景同步影像中，包括 2016 年 9 月 19 日 10:58:00 获取的 GF-2 PMS1 影像以及 2016 年 10 月 9 日 11:05:31 获取的 GF-2 PMS2 影像，提取出黑臭水体，如图 8-4 所示。卫星过境当日天气晴朗，2016 年 9 月 19 日实测 AOT（550）= 0.35，2017 年 10 月 9 日实测 AOT（550）= 0.18。同步过境（±2h内）过境的 24 个采样点，包括 2016 年 9 月 19 日采集的辉山明渠 7 个黑臭水体、2016 年 10 月 9 日采集的蒲河支流 6 个黑臭水体和微山湖路附近河流采集的 4 个黑臭水体 ［图 8-4（a）］ 和 2016 年 9 月 19 日采集的浑河 7 个一般水体 ［图 8-4（b）］。对两者的 $R_{rc}$ 进行对比，可以看出黑臭水体的 $R_{rc}$ 在绿波段到红波段之间依然保持原有平缓的状态。而一般水体 $R_{rc}$ 在绿波段到红波段依然保持下降的状态；蓝波段的反射率在两种水体中都有偏高的趋势。

对同步过境区域进行 BOI 指数的计算，阈值设置为 0.05，根据图 8-5（a）

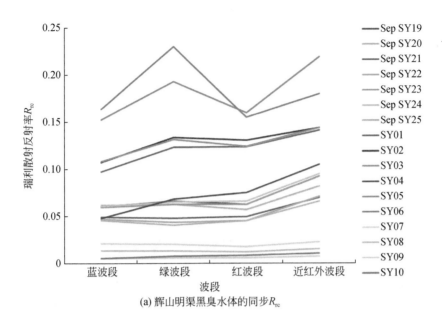

(a) 辉山明渠黑臭水体的同步$R_{rc}$

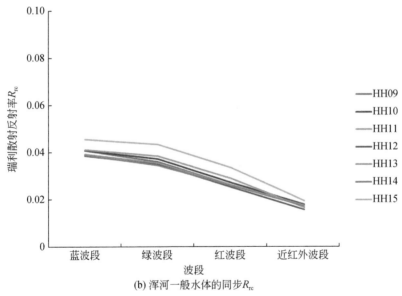

(b) 浑河一般水体的同步$R_{rc}$

图 8-4　同步过境采样点的 $R_{rc}$ 反射率光谱

可以看出，辉山明渠整条河流都被判别为黑臭水体，根据图 8-5（b）可以看出，
微山湖路附近河流都被判别为黑臭水体，蒲河支流中南北走向的一条没有被识别
出来，这可能是由于这条支流的 Chl-a 浓度偏高，Chl-a 在 675nm 附近强吸收造

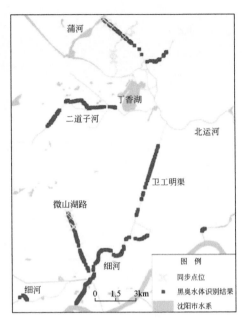
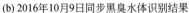

(a) 2016年9月19日同步黑臭水体识别结果　　　(b) 2016年10月9日同步黑臭水体识别结果

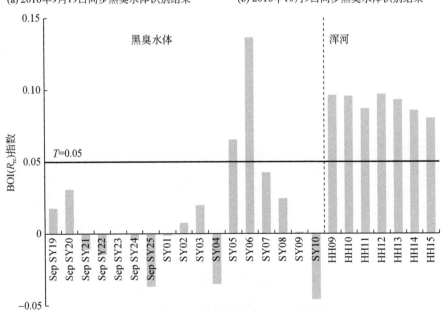

(c) 基于同步点位的黑臭水体验证结果

图 8-5　基于同步影像的黑臭水体识别及其验证结果

成该条支流反而与一般水体的光谱特征相似，在绿光波段到红光波段的平缓程度不符合黑臭水体的光谱特征，造成了误判。根据图 8-5（a）和（b）中的反射率，计算水体 BOI 指数［图 8-5（c）］，可以看出 24 个采样点中，SY05 和 SY06 的 2 个采样点被误判，实际为黑臭水体被误判为一般水体，识别正确率为 92%。针对经过瑞利散射校正的 GF2 影像，对比同步实测数据进行模型精度评价，识别正确率为 92%。模型识别精度大于 60%。

# |第9章| 基于国产高分影像的黑臭水体定量提取及卫星遥感识别技术

## 9.1 基于多景 GF-2 影像的模型阈值的可靠性评价

为了证明 BOI 指数的有效性,同时也为了论证采用 0.05 作为统一阈值判别疑似黑臭水体的可靠性,这里将 BOI 指数和 0.05 应用于多景 GF-2 的影像中,评估判别结果。

选取自 2015 年《城市黑臭水体整治工作指南》发布以来至 2018 年质量较好的 GF-2 影像,对新开河、南运河、满堂河及辉山明渠的黑臭水体进行动态监测,影像日期分别为 2015 年 5 月 10 日、2016 年 6 月 2 日、2017 年 9 月 19 日和 2018 年 5 月 9 日。识别结果如图 9-1 所示。

2015 年 5 月辉山明渠、满堂河、新开河以及浑河南部的支流玄菟路附近都被识别为黑臭水体,浑河较宽,未发现黑臭现象,被识别为一般水体。经过一年的治理,2016 年 6 月黑臭情况整体有所改善,浑河南部支流黑臭现象完全消除,新开河黑臭河段长度明显变短、黑臭现象基本消除,辉山明渠、南运河黑臭现象有所减轻。到了 2017 年 9 月,满堂河和新开河黑臭现象基本消失,新开河在汇入浑河的支流处还存在一段黑臭。2018 年 5 月沈阳市新开河、南运河和浑河南部支流水质已好转不再黑臭,新开河水质明显得到改善、黑臭现象基本消除,而辉山明渠黑臭现象依然很严重,南段辉山明渠在治理过程中出现了反弹现象,依然为黑臭水体。总体来说,沈阳市黑臭水体动态变化是显著的,且在治理后容易"复黑",所以黑臭水体整治是一个长期且艰巨的任务。

利用 2015~2018 年 4 景 GF2 影像,对沈阳市重点区域黑臭水体进行识别。识别结果为沈阳市黑臭水体现象明显好转,符合沈阳市政府对黑臭水体采取的治理措施,也同时证明了 BOI 识别模型和 0.05 阈值的可靠性。

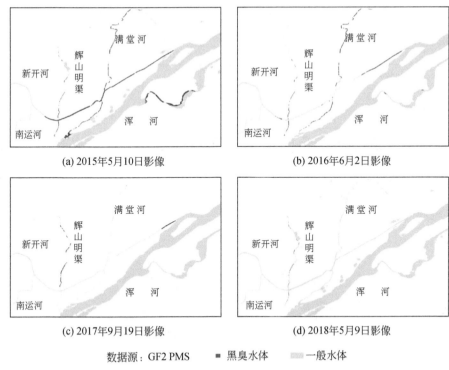

(a) 2015年5月10日影像       (b) 2016年6月2日影像

(c) 2017年9月19日影像       (d) 2018年5月9日影像

数据源：GF2 PMS   ■ 黑臭水体   ▨ 一般水体

图 9-1 沈阳市重点区域黑臭水体遥感识别时序分析

# 9.2 沈阳市疑似黑臭水体分布

## 9.2.1 现场调研核实沈阳市黑臭水体分布

分别于 2017 年 9 ~ 10 月、2018 年 5 ~ 6 月进行两次遥感监测和两次现场调研，对遥感识别结果进行现场调研。

首先，利用 2017 年 9 月 19 日获取的 GF-2 PMS1 影像和 GF-2 PMS2 影像，提取沈阳市重点区域的黑臭水体，阈值设置为 0.05，黑臭长度为 3.78km。

2017 年 10 月 25 日对沈阳市遥感识别的黑臭水体辉山明渠进行实地调查验证，辉山明渠识别的黑臭范围是从沈阳市长安路到工农路，全长 4.51km，共设计了 4 个采样点 XSY-21、XSY-22、XSY-23 和 XSY-24，水体均呈现黑色，伴有刺鼻的臭味，如表 9-1 所示。现场照片如图 9-2 所示。根据城市黑臭水体分级标准判断，其均为不同程度的黑臭水体。2017 年 9 月遥感识别结果与 2017 年 10 月实地验证结果相同，遥感定量识别黑臭水体精度较高。

表 9-1　2017 年 10 月 25 日现场调查统计

| 点号 | 经度/(°E) | 纬度/(°N) | 透明度/cm | 溶解氧/(mg/L) | 氧化还原电位/mV | 氨氮/(mg/L) | 水面状况 | 黑臭判别 |
|---|---|---|---|---|---|---|---|---|
| XSY-21 | 123.524 56 | 41.807 89 | >33 | 4.81 | 86.1 | 10 | 褐色 | 轻度黑臭 |
| XSY-22 | 123.520 11 | 41.798 14 | 11.2 | 2 | 13.6 | 11 | 黑色臭 | 轻度黑臭 |
| XSY-23 | 123.519 94 | 41.796 61 | 16.2 | 2.7 | -2.4 | 10 | 黑色臭 | 轻度黑臭 |
| XSY-24 | 123.519 67 | 41.795 39 | 20.8 | 2.48 | 1.7 | 19 | 黑色臭 | 重度黑臭 |

(1) XSY-21号点现场照片

(2) XSY-22号点现场照片

(3) XSY-23号点现场照片

(2) XSY-24号点现场照片

图 9-2　辉山明渠试验点位现场照片

利用 2018 年 5 月 9 日获取的 GF-2 影像提取沈阳市重点区域的黑臭水体,阈值设置为 0.05,提取黑臭水体结果如图 9-3 所示,辉山明渠、南小河、新开河、深井子南大街附近未知名河段、东李路附近未知名河段是黑臭水体。满堂河全长均为一般水体。

根据沈阳市 2018 年 6 月实地调查结果,辉山明渠、南小河、新开河是黑臭水体。满堂河全长是一般水体。2018 年 5 月遥感识别结果与 2018 年 6 月实地验证结果相同,遥感定量识别黑臭水体精度较高。

但是,对比发现,实地调查的黑臭河长度与遥感识别的黑臭河长度有一定偏

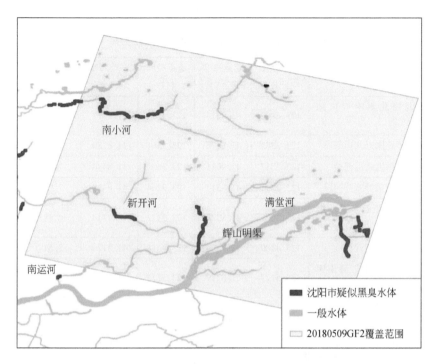

图 9-3　2018 年 5 月 9 日沈阳市疑似黑臭水体分布

差。辉山明渠的黑臭河段实地调查长度为 10.6km，遥感识别长度为 6.98km；南小河的黑臭河段实地调查长度为 25.8km，遥感识别长度为 10.90km；新开河的黑臭河段实地调查长度为 21.3km，遥感识别长度为 10.45km。满堂河全长 10.5km 均为一般水体，识别准确。存在偏差是因为传统的实地调查方式是通过测量上、中、下游三个采样点的水质情况来整体描述该条河段的污染情况，以点代线；遥感则是逐个像元统计黑臭河段的长度，可以更真实地反映全河段真实的情况。

## 9.2.2　沈阳市疑似黑臭水体分布"一张图"

2018 年 5 月 9 日、2017 年 9 月 5 日和 2016 年 10 月 9 日三景 GF-2 影像可以基本覆盖沈阳市建成区。利用城市黑臭水体识别模型 BOI 模型，对沈阳市建成区进行黑臭水体遥感识别。从表 9-2 中可以看出，沈阳市建成区内上报的 5 条黑臭河流南运河、北运河、辉山明渠、满堂河和细河中，南运河和满堂河基本已经消除黑臭现象。除了上报的五条河流外，还存在大量黑臭河流漏报现象，如白塔堡河、卫工明渠、新开河以及沈北路北侧、微山湖路、东李路、深井子南大街附近的未知名的河段，均存在疑似黑臭现象。

**表9-2 沈阳市疑似黑臭水体遥感识别名单**

| 河流编号 | 河流名称 | 起点经度 /(°E) | 起点纬度 /(°N) | 终点经度 /(°E) | 终点纬度 /(°N) | 河流长度 /km | 主要分布行政区域 |
|---|---|---|---|---|---|---|---|
| 1 | 沈北路北侧附近未知河段 | 123.3802 | 41.9214 | 123.4859 | 41.9172 | 10.90 | 皇姑区 |
| 2 | 青城山路附近北运河段 | 123.3285 | 41.8675 | 123.3564 | 41.8780 | 3.00 | 铁西区 |
| 3 | 元江街附近北运河段 | 123.3037 | 41.9011 | 123.3502 | 41.8480 | 7.93 | 铁西区 |
| 4 | 丁香湖路附近新开河段 | 123.2524 | 41.8313 | 123.3264 | 41.8428 | 7.94 | 于洪区 |
| 5 | 卫工南街附近卫工明渠河段 | 123.3576 | 41.8328 | 123.3313 | 41.7749 | 6.98 | 铁西区 |
| 6 | 临河路附近新开河段 | 123.4400 | 41.8264 | 123.4618 | 41.8176 | 2.51 | 皇姑区 |
| 7 | 海威汽车行附近辉山明渠河段 | 123.5177 | 41.8299 | 123.5172 | 41.7872 | 5.20 | 大东区 |
| 8 | 深井子南大街附近未知名河段 | 123.6507 | 41.8195 | 123.6573 | 41.7852 | 4.34 | 大东区 |
| 9 | 东李路附近未知名河段 | 123.6663 | 41.8202 | 123.6744 | 41.8034 | 3.05 | 大东区 |
| 10 | 微山湖路附近未知名河段 | 123.2710 | 41.7780 | 123.2901 | 41.7391 | 4.74 | 于洪区 |
| 11 | 开发二十一号路附近细河河段 | 123.2279 | 41.7222 | 123.2371 | 41.7208 | 0.79 | 于洪区 |
| 12 | 细河路附近细河河段 | 123.2761 | 41.7182 | 123.3430 | 41.7643 | 8.96 | 于洪区 |

沈阳市建成区内，河流总长度为645.898km，黑臭水体总长度为66.34km。沈阳市建成区内遥感识别的疑似黑臭水体总长度占河流总长度的10.27%。沈阳市建成区内黑臭水体主要集中在铁西区和于洪区。

# 9.3 抚顺市疑似黑臭水体分布

## 9.3.1 现场调研核实抚顺市黑臭水体分布

计划2017年10月对抚顺市进行遥感定量识别的黑臭水体实地调查验证，通过查询数据发现，在此期间抚顺市建成区没有质量好、未在结冰期且无云的GF2影像。所以可用的影像是2016年6月2日的抚顺市GF-2影像，然而这会使得实地验证精度存在一定误差。将黑臭水体遥感识别模型应用于 2016 年 6 月 2 日获取的抚顺市 GF-2 PMS1 影像和 GF-2 PMS2 影像，提取抚顺市黑臭水体，阈值设置为 0.05，李其河、抚西河、榆林明渠、葛布西河、海新河为黑臭水体。其中，李其河黑臭河段长度为 1.04km，抚西河黑臭河段长度为 0.62km，榆林明渠黑臭河段长度为 0.56km，葛布西河为黑臭河段长度 1.58km，海新河黑臭河段最长，为 6.65km。

2017 年 10 月 26 日对抚顺市遥感定量识别的黑臭水体进行实地调查验证，主要在李其河和抚西河设计 10 个采样点，用来验证精度。其中，在李其河设计了 4 个采样点包括 FS-01、FS-02、FS-03 和 FS-04，在抚西河设计了 6 个采样点包括 FS-05、FS-06、FS-07、FS-08、FS-09 和 FS-10，现场调查统计结果如表 9-3。

表 9-3　2017 年 10 月 26 日现场调查统计

| 点号 | 经度/(°E) | 纬度/(°N) | 透明度/cm | 溶解氧/(mg/L) | 氧化还原电位/mV | 水面状况 | 黑臭判别 |
|------|-----------|-----------|-----------|---------------|-----------------|----------|----------|
| FS-01 | 123.990 31 | 41.878 78 | 11.2 | 9.9 | 104 | 黄色，有泥沙 | 轻度黑臭 |
| FS-02 | 123.993 28 | 41.880 83 | 7.2 | 9.54 | 115.3 | 黄色，有泥沙 | 轻度黑臭 |
| FS-03 | 124.005 75 | 41.885 39 | 13 | 14.2 | 100.2 | 清，水浅，有泥沙 | 轻度黑臭 |
| FS-04 | 124.009 61 | 41.887 06 | 17 | 10.86 | 78.5 | 清澈 | 轻度黑臭 |
| FS-05 | 123.924 78 | 41.879 89 | 20 | 7.93 | 108.7 | 绿色，有油污，少量绿色藻团 | 轻度黑臭 |
| FS-06 | 123.924 06 | 41.886 42 | 22 | 8.97 | 122.9 | 灰绿色 | 轻度黑臭 |
| FS-07 | 123.932 36 | 41.892 97 | <3 | 6.79 | 80.1 | 泥黄色 | 重度黑臭 |
| FS-08 | 123.929 36 | 41.903 17 | <3 | 7.83 | 16.9 | 泥黄色 | 重度黑臭 |
| FS-09 | 123.925 28 | 41.913 03 | 5.8 | 7.97 | 40 | 有泥沙，泥黄色，腐臭味 | 重度黑臭 |
| FS-10 | 123.922 44 | 41.922 56 | 16.8 | 2.2 | 59.7 | 黑 | 轻度黑臭 |

根据城市黑臭水体污染程度分级标准判断，李其河和抚西河所有的采样点均为不同程度的黑臭水体，这一判断结果主要是根据透明度这一个条件判断。也就是说，抚顺市的黑臭水体主要为悬浮物浓度较高的浑浊水体。此外，由于河道较窄，河底较浅以及有些水体附近现场有施工现象等情况，抚顺市水体被判别为黑臭水体。虽然影像时间与实地验证时间相差一年，但遥感识别结果与实地验证结果相同，遥感定量识别黑臭水体精度较高。引起判别抚顺市水体为黑臭的原因是透明度较低，泥沙含量较大，多数水体呈现黄色或棕黄色，李其河试验点位现场照片如图 9-4 所示，抚西河试验点位现场照片如图 9-5 所示。

(a) FS-01号点现场照片　　　　　　　　　(b) FS-02号点现场照片

(c) FS-03号点现场照片　　　　　　　　　(d) FS-04号点现场照片

图9-4　李其河试验点位现场照片

(a) FS-05号点现场照片　　　　　　　　　(b) FS-06号点现场照片

(c) FS-07号点现场照片　　　　　　　　　(d) FS-08号点现场照片

(e) FS-09号点现场照片                    (f) FS-10号点现场照片

图9-5    抚西河试验点位现场照片

## 9.3.2    抚顺市疑似黑臭水体分布"一张图"

2018年5月9日一景GF-2影像基本覆盖抚顺市建成区。利用城市黑臭水体识别模型BOI模型,对抚顺市建成区进行黑臭水体遥感识别。从表9-4中可以看出,抚顺市建成区内上报的21条黑臭河流中只有海新河和拉古河依然存在疑似黑臭现象。

抚顺市建成区内,河流总长度为66.15km,黑臭水体总长度为7.71km。抚顺市建成区内遥感识别的疑似黑臭水体总长度占河流总长度的11.7%。

表9-4    抚顺市疑似黑臭水体遥感识别名单

| 河流编号 | 河流名称 | 起点经度 /(°E) | 起点纬度 /(°N) | 终点经度 /(°E) | 终点纬度 /(°N) | 河流长度 /km |
|---|---|---|---|---|---|---|
| 1 | 沈阳工学院西侧拉古河河段 | 123.7083 | 41.8424 | 123.7284 | 41.8361 | 1.33 |
| 2 | 星光路北侧拉古河支流河段 | 123.7285 | 41.8364 | 123.7189 | 41.8291 | 1.27 |
| 3 | 浑河南路南侧海新河河段 | 123.9620 | 41.8742 | 124.0163 | 41.8657 | 5.11 |

# 第 10 章 微生物对致黑关键污染物氧化特性及菌剂固定化条件的优化

## 10.1 材料与方法

### 10.1.1 菌株来源

寡养单胞菌 Stenotrophomonas sp. sp3 由课题组前期从北京市东沙河黑臭水体泥水混合物中分离筛选并保存。目前，该菌种在美国国家生物技术信息中心（National Center for Biotechnology Information，NCBI）数据库中的分类为：细菌，变形菌门（Proteobateria），γ-变形菌纲（Gamaproteobacteria），黄单胞菌目（Xan-thomonadales），假单胞菌科（Pseudomonadaceae），寡养单胞菌属（Stenotrophomonas）。

### 10.1.2 培养基

固体培养基：$Na_2S \cdot 9H_2O$ 0.162g/L，NaCl 0.05g/L，$KNO_3$ 0.1g/L，$MgSO_4 \cdot 7H_2O$ 0.05g/L，$FeSO_4 \cdot 7H_2O$ 0.002g/L，$K_2HPO_4$ 0.05g/L，葡萄糖 20g/L，蛋白胨 10g/L，酵母浸膏粉 5g/L 和琼脂 15~20g/L。

液体培养基：葡萄糖 20g/L，胰蛋白胨 10g/L 和酵母浸膏粉 10g/L。

每种培养基在使用前均调节 pH 至 7.0，在 100MPa 和 121℃ 条件下灭菌 20min。

### 10.1.3 含 $S^{2-}$ 人工废水的配制

课题组前期研究发现，$S^{2-}$ 是导致水体变黑的关键污染物（Song et al., 2017）。因此，采用微生物技术将水体中的 $S^{2-}$ 氧化为溶解态的硫酸根离子，可以实现消除水体变黑的目的。实验用含 $S^{2-}$ 离子的废水采用人工配置。根据 Zhuang

等（2017）的描述并对配水成分进行优化，主要成分见表10-1。含 $S^{2-}$ 废水配制后灭菌备用。灭菌条件为在 100MPa 和 121℃ 条件下灭菌 20min。

表 10-1　含 $S^{2-}$ 人工配制废水

| 序号 | 主要成分 | 数值 |
|---|---|---|
| 1 | $C_6H_{12}O_6/(g/L)$ | 2.50 |
| 2 | $K_2HPO_4/(g/L)$ | 0.40 |
| 3 | $NH_4Cl/(g/L)$ | 1.00 |
| 4 | $Na_2S \cdot 9H_2O/(g/L)$ | 0.162 |
| 5 | pH | 7.0 |

## 10.1.4　菌液制备

（1）菌株活化

本试验 *Stenotrophomonas* sp. sp3 最初为冷冻保存，因此需要对其进行复苏活化处理。无菌环境下用接种环挑取适量解冻后的 *Stenotrophomonas* sp. sp3 于固体培养基上进行平板划线活化，于25℃恒温条件下培养48h，观察并记录其表面形态、大小、颜色等菌落特征。

（2）种子液的制备与扩培发酵

挑取平板上分离出的新鲜单菌，接种到装有100mL液体培养基的250mL锥形瓶中，置于转速120r/min、25℃恒温条件下培养48h后用作种子液（菌液浓度为 $2.5 \times 10^8$ cfu/mL）。

再按照5%的接种量转接至新鲜的液体培养基中，于25℃、120r/min的恒温振荡培养箱中分批次发酵，将扩大培养48h后的菌液（菌液浓度为 $2.47 \times 10^8$ cfu/mL）在4℃、8000r/min条件下离心8min，用超纯水清洗3次，将收集得到的菌体用于硫氧化条件优化实验。

（3）革兰氏染色及形态观察实验

革兰氏染色实验一般包括涂片、干燥固定、初染（草酸铵结晶紫染液）、媒染（碘酒）、脱色（95%乙醇）、复染（番红复染液）等步骤，具体操作方法为：

1）取载玻片用纱布擦干，载玻片的一面用记号笔画一个小圈（用来大致确定菌液滴的位置），涂菌的部位在火焰上烤一下，除去油脂。

2）涂片：挑一环蒸馏水于载玻片中央，再用无菌接种环挑取固体培养基上的少量寡养单胞菌与玻片上的水滴均匀混合，使其薄而均匀。

3）干燥固定：将涂片在空气中干燥，手持载玻片一端，有菌膜的一面朝上，载玻片在酒精灯火焰上快速通过 3 次（以不烫手为宜），以让菌膜更加牢固地贴在玻片上，待冷却后滴加染料。

4）初染：手持载玻片一端，滴加草酸铵结晶紫染液染色 1min 后，倾去结晶紫染液，将载玻片倾倒一定角度，用细小的水流小心地冲洗，直到载玻片上的水流无色，再用吸水纸小心将水吸干。

5）媒染：滴加碘液染色 1min 后，按照上述步骤用细小水流小心冲洗。

6）脱色：吸去残留水，滴加 95% 乙醇脱色 25s，将载玻片稍微摇晃几下后立即倾去乙醇，如此重复 2~3 次，立即水洗，再用吸水纸吸干，以终止脱色。

7）复染：滴加番红复染液染色 3min，水洗后用吸水纸吸干。

8）镜检：先在 4 倍、10 倍、40 倍的低倍镜下分别观察细菌，找到最好的视野，再在载玻片上滴加香柏油，转到 100 倍的高倍镜，使镜头完全浸在油中，观察细菌，使用完毕后用二甲苯擦洗镜头。

## 10.1.5  黑臭水体来源

黑臭水体水样采集于辽宁省沈阳市某典型黑臭河道上覆水体，经 10μm 的膜过滤，剔除大块悬浮颗粒和藻类浮萍等杂质后储存于聚乙烯桶中。所有采集的样品均保存于 4℃ 并立即带回实验室进行后续分析，各项水质指标的初始值见表 10-2。其中，COD、$NH_4^+$-N、TP 分别高出地表水环境质量 V 类标准的 1.95 倍、7.8 倍、4 倍。

表 10-2  黑臭水样水质指标

| 水质指标 | $S^{2-}$ /（mg/L） | COD /（mg/L） | $NH_4^+$-N /（mg/L） | TP /（mg/L） | OD /（mg/L） | pH |
|---|---|---|---|---|---|---|
| 数值 | 33.9 | 78 | 15.6 | 1.6 | 1.8 | 8.5 |

## 10.1.6  菌株生长及硫氧化条件优化

（1）温度对菌株生长及 $S^{2-}$ 氧化率的影响

将扩培发酵实验中生长至稳定期的 *Stenotrophomonas* sp. sp3 接入装有 200mL 含 $S^{2-}$ 人工配制废水的锥形瓶中，培养时将恒温振荡培养箱中温度分别调为 5℃、15℃、20℃、25℃、30℃ 和 35℃，于 120r/min 转速下反应 48h 后取样，用紫外分光光度计测定细菌生长量 $OD_{600}$ 值，水样中 $S^{2-}$ 浓度需经 0.45μm 膜过滤后采用亚甲基蓝分光光度法测定。

（2）初始 pH 对菌株生长及 $S^{2-}$ 氧化率的影响

将扩培发酵实验中生长至稳定期的 *Stenotrophomonas* sp. sp3 接入装有 200mL 含 $S^{2-}$ 人工配制废水的锥形瓶中，用 HCl（1.0mol/L）或 NaOH（1.0mol/L）分别将初始 pH 调节为 4.0、5.0、6.0、7.0 和 8.0，25℃，120r/min 转速下反应 48h 后取样，分别测定 $OD_{600}$ 值和 $S^{2-}$ 浓度。

（3）初始葡萄糖浓度对菌株生长及 $S^{2-}$ 氧化率的影响

配制含 $S^{2-}$ 废水时，设置不同的葡萄糖浓度，分别为 0.05%、0.10%、0.25%、0.50% 和 1.00%（v/v），其他成分不变。再将扩培发酵实验中生长至稳定期的 *Stenotrophomonas* sp. sp3 分别接入含 $S^{2-}$ 人工配制废水中，于 25℃、120r/min 转速下反应 48h 后取样，通过对 $OD_{600}$ 值和 $S^{2-}$ 浓度的测定，找出不同初始葡萄糖浓度对菌株生长及 $S^{2-}$ 氧化率的影响。

（4）初始菌浓度对菌株生长及 $S^{2-}$ 氧化率的影响

在装有 200mL 含 $S^{2-}$ 人工配制废水的锥形瓶中，将扩培发酵实验中生长至稳定期的 *Stenotrophomonas* sp. sp3 分别按湿重 0.01g/L、0.10g/L、1.00g/L、2.00g/L 和 5.00g/L 接入其中，其他成分不变。于 25℃、120r/min 转速下反应 48 h 后取样，通过对 $OD_{600}$ 值和 $S^{2-}$ 浓度的测定，找出不同初始菌浓度对菌株生长及 $S^{2-}$ 氧化率的影响，进而确定 *Stenotrophomonas* sp. sp3 对 $S^{2-}$ 离子的最适生物氧化条件。

（5）寡养单胞菌对 $S^{2-}$ 氧化及其生长曲线

测定 *Stenotrophomonas* sp. sp3 对 $S^{2-}$ 氧化能力的实验在最适硫氧化条件下进行。将 *Stenotrophomonas* sp. sp3 按 1.00g/L 的接种量转接至含 $S^{2-}$ 人工配制废水中，分别于 0h、0.5h、2h、4h、8h、12h、18h、30h、36h、48h、60h、72h 定时测定细菌生长量和剩余 $S^{2-}$ 浓度，绘制菌株的 $S^{2-}$ 氧化曲线和生长曲线。

## 10.1.7　人造沸石来源

实验中所用人造沸石（国药集团化学试剂有限公司）的孔结构参数见表 10-3。该人造沸石具有介孔材料所具备的较大比表面积的特征，说明可提供的吸附位点较多，是一种良好的吸附剂。平均吸附孔径为 4.7456nm，大于 $NH_4^+$-N（0.143 nm）半径，说明 $NH_4^+$-N 可进入人造沸石孔道被吸附，故该人造沸石可以用作吸附水中的 $NH_4^+$-N。

表 10-3　人造沸石结构参数

| 名称 | 分子式 | 比表面积 /($m^2$/g) | 总孔容 /($cm^3$/g) | 平均吸附孔径 /nm | 直径 /mm |
|---|---|---|---|---|---|
| 人造沸石 | $Na_2O \cdot Al_2O_3 \cdot xSiO_2 \cdot yH_2O$ | 30.9097 | 0.0389 | 4.7456 | 2～3 |

## 10.1.8　固定化条件单因素实验

实验拟对固定吸附 pH、吸附时间、接种量和载体添加量 4 个影响因素进行单因素分析，当考察其中一个因素时，控制另外三个因素不变。以固定化菌剂对黑臭水样的 $S^{2-}$ 氧化率为主要考察指标，同时综合考虑 COD、$NH_4^+$-N、TP 去除率，优化固定化菌剂的制备条件。制备条件单因素实验设计如表 10-4 所示。

（1）固定吸附 pH

将扩培发酵实验中生长至稳定期的 *Stenotrophomonas* sp. sp3 按 5% 的接种量接入 200mL 液体培养基中，取 0.5g 沸石颗粒加入其中，用 HCl（1.0mol/L）或 NaOH（1.0mol/L）分别将吸附固定初始 pH 调节为 4.0、5.0、6.0、7.0、8.0 和 9.0，置于全温振荡培养箱中在 30℃、140r/min 条件下进行微生物的吸附固定，将吸附固定 48h 的菌液在 4℃、4000r/min 条件下离心 6min，除去上清液并使用无菌去离子水冲洗沸石颗粒 3 次，除去表面未固定的游离细菌，按质量浓度 5.0g/L 分别接入黑臭水样中，置于 25℃、120r/min 条件下振荡反应 48h，测定 $S^{2-}$ 氧化率，以及 COD、$NH_4^+$-N 及 TP 去除率。

（2）吸附时间

取 0.5g 沸石颗粒加入 200mL 液体培养基中，并将扩培发酵实验中生长至稳定期的 *Stenotrophomonas* sp. sp3 按 5% 的接种量接入其中，置于全温振荡培养箱中于 30℃、140r/min 条件下进行微生物的吸附固定，分别在 18h、24h、30h、36h、48h 及 60h 定时取样，并在 4℃、4000r/min 条件下离心 6min 收集固定化菌剂，随之，使用无菌去离子水冲洗沸石颗粒 3 次以除去表面未固定的游离细菌，最后将其按质量浓度 5.0g/L 分别接入黑臭水样中，置于 25℃、120r/min 条件下振荡反应 48h，测定 $S^{2-}$ 氧化率，以及 COD、$NH_4^+$-N 及 TP 去除率，分析不同吸附固定时间对固定化菌剂处理黑臭水样效果的影响。

（3）接种量

将扩培发酵实验中生长至稳定期的游离态 *Stenotrophomonas* sp. sp3 分别按 0.01%、0.1%、1.0%、5.0%、10.0% 及 20% 的接种量接入 200mL 的液体培养基，随之加入 0.5g 的沸石颗粒，于 30℃、140r/min 条件下进行微生物的吸附固定，离心收集制备好的固定化菌剂并用无菌去离子水冲洗干净，按 5.0g/L 的固定化菌剂接种量分别接入黑臭水样中，置于 25℃、120r/min 条件下振荡反应 48h，测定 $S^{2-}$ 氧化率，以及 COD、$NH_4^+$-N 及 TP 去除率，分析不同接种量对固定化菌剂处理黑臭水样效果的影响。

（4）载体添加量

沸石颗粒投加量分别为 0.01g、0.1g、0.5g、1.0g、1.5g 及 2.0g，扩培发酵实验中生长至稳定期的 *Stenotrophomonas* sp. sp3 的接种量为 5%，加入至 200mL 的液体培养基，于 30℃、140r/min 条件下进行微生物的吸附固定，将制备好的固定化菌剂用无菌去离子水冲洗干净，按 5.0g/L 的固定化菌剂接种量分别接入黑臭水样中，置于 25℃、120r/min 条件下振荡反应 48h，测定 $S^{2-}$ 氧化率，以及 COD、$NH_4^+$-N 及 TP 去除率，分析不同载体添加量对固定化菌剂处理黑臭水样效果的影响。

表 10-4　制备条件单因素实验设计

| 因素 | 水平 | | | | | |
|---|---|---|---|---|---|---|
| 固定吸附 pH | 4.0 | 5.0 | 6.0 | 7.0 | 8.0 | 9.0 |
| 吸附时间/h | 18 | 24 | 30 | 37.5 | 45 | 60 |
| 接种量/% | 0.01 | 0.1 | 1.0 | 5.0 | 10.0 | 20 |
| 载体添加量/g | 0.01 | 0.1 | 0.5 | 1.0 | 1.5 | 2.0 |

## 10.1.9　响应面优化试验

响应面拟合方程要求所选因素水平在最佳值的附近区域才能有效拟合（郝学财等，2006）。故本试验在固定化条件单因素实验所确定的最佳取值区间的基础上，以固定吸附 pH（A）、吸附时间（B）、接种量（C）和载体添加量（D）作为考察因素，每个因素的低、中、高试验水平分别以 −1、0、1 进行编码，以各固定化条件下所获得的固定化菌剂对黑臭水样中 $S^{2-}$ 氧化率为响应值，采用响应面试验设计（Box-Behnken Design，BBD）对固定化菌剂的固定化条件参数进行优化，以期最终能够确定最佳的固定化条件。BBD 试验因素水平表如表 10-5 所示。根据表 10-5 进行试验安排，最终试验结果采用 Design-Expert 8.0.6 软件进行统计分析，有效拟合获得多元回归方程，并进行方差分析及拟合度检验，讨论模型所在响应面特征，确定固定化条件的最佳参数。

**表 10-5  Box-Behnken 试验因素水平**

| 因素 | 编码 | 水平 | | |
|---|---|---|---|---|
| | | −1 | 0 | 1 |
| 固定吸附 pH | A | 7.0 | 8.0 | 9.0 |
| 吸附时间/h | B | 30 | 37.5 | 45 |
| 接种量/% | C | 1 | 5.5 | 10 |
| 载体添加量/g | D | 0.5 | 1.0 | 1.5 |

## 10.1.10  固定化菌剂的微观结构表征

利用扫描电子显微镜观察固定化菌剂的微观结构，扫描电镜前的准备阶段包括对样品的冲洗、固定、脱水、干燥和喷金等。具体操作步骤如下：

1）固定化菌剂经无菌去离子水冲洗、碾碎后，用灭菌镊子挑出适量的样品，放入 5mL 的离心管中，加入 2.5% 戊二醛，加量为淹没样品为宜，室温固定 1h 后，再置于 4℃冰箱中固定 12h。

2）然后用 0.2mol/L、pH 为 7.4 的磷酸缓冲溶液冲洗样品 3 次，每次 10min，以去除戊二醛。

3）洗涤后的样品分别用浓度为 30%、50%、75%、90%、95%、100%（v/v）的乙醇进行梯度脱水，每个梯度洗涤 1 次，每次 10min，最终用无水乙醇洗涤 3 次，每次 10min，以移除最后的水分。

4）将充分脱水后的样品置于真空冷冻干燥机中干燥 10h。

5）干燥后样品粘在具有双面胶带的样品台上固定、喷金，最后使用扫描电子显微镜于 5kV 条件下观察。

# 10.2  菌株活化及形态观察

*Stenotrophomonas* sp. sp3 在固体培养基上于 25℃恒温培养 48h 后，为灰黄色不透明圆形菌落，边缘光滑，部分不规则，质地黏稠，菌落有氨气味，直径 0.5~1mm，中央突起 [图 10-1（a）]。通过革兰氏染色实验观察到菌株颜色呈红色 [图 10-1（b）]，菌体微小且为短杆状，为革兰氏阴性菌。

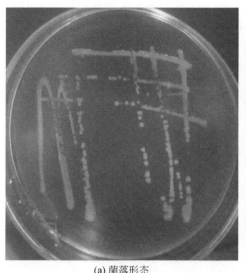 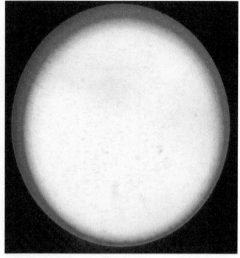

(a) 菌落形态 　　　　　　　　　　　　　　　(b) 菌体形态

图 10-1　*Stenotrophomonas* sp. sp3 的菌落形态及菌体形态

# 10.3　菌株对致黑关键污染物氧化特性研究

## 10.3.1　温度对菌株生长及致黑关键污染物氧化率的影响

温度的改变可影响微生物代谢相关的各种酶活性,并引起氧化还原电位等环境因子的变化,从而影响微生物的生命活动,进而影响微生物进行硫氧化等的代谢活动(Sokolova and Portner, 2001)。现有研究表明,在一定温度范围内,生化反应速率可随温度上升而加快。但是,当温度超过一定阈值,细胞功能下降。夏季和冬春交替时期是水体黑臭现象的高发期,夏季温度最高可达 45℃,而在冬春交替时节,气温一般维持在 5~15℃,这两个时间段温差较大(温灼如等,1987;王国芳,2015)。因此,有必要考察温度对 *Stenotrophomonas* sp. sp3 生长及 $S^{2-}$ 氧化率的影响。

温度对 *Stenotrophomonas* sp. sp3 生长及 $S^{2-}$ 氧化率的影响如图 10-2 所示。实验中控制温度分别为 5℃、15℃、20℃、25℃、30℃ 和 35℃。在 5~15℃ 的低温条件下,菌株生长量较小,对 $S^{2-}$ 的氧化率均低于 40%;随着温度的升高,菌株的生长量和对 $S^{2-}$ 的氧化率随之增加,在温度为 25℃ 时达到最高,此时对 $S^{2-}$ 的氧化率高达 85.2%;当温度继续提高至 35℃ 时,菌株的生长量和对 $S^{2-}$ 的氧化率略有下降。可以明显得出，*Stenotrophomonas* sp. sp3 嗜中温，能够在温度适宜的条件下，尤其是 25℃ 进行各项代谢活动。因此，控制温度为 25℃ 对 $S^{2-}$ 的氧化较为适宜。

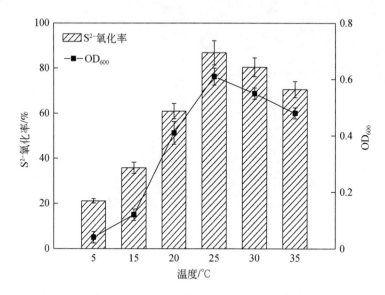

图 10-2　温度对 *Stenotrophomonas* sp. sp3 生长及 $S^{2-}$ 氧化率的影响

## 10.3.2　初始 pH 对菌株生长及致黑关键污染物氧化率的影响

　　pH 是影响生化反应及微生物生长过程中的关键因素之一，并且对菌体代谢的各种酶活性有调节作用。pH 能够通过影响细胞膜的通透性，最终影响菌体的生长以及代谢产物的形成（Arikado et al.，1999）。

　　由于摇瓶发酵试验过程中 pH 难以控制，因此实验中，只控制发酵液的初始 pH。不同初始 pH（4.0、5.0、6.0、7.0、8.0）对 *Stenotrophomonas* sp. sp3 生长量及 $S^{2-}$ 氧化率的影响如图 10-3 所示。初始 pH 为 4.0 ~ 8.0 时，菌株均可生长，且生长量和 $S^{2-}$ 氧化率随着初始 pH 由强酸性到弱碱性呈现先上升后显著下降的变化趋势。当初始 pH 在 6 ~ 7 时，菌株的生长较好，对 $S^{2-}$ 的氧化率亦较高，皆达到 85% 左右。碱性条件不适合菌株生长，也不利于对 $S^{2-}$ 的生物氧化。因此，初始 pH 为 7.0 时较为适宜 *Stenotrophomonas* sp. sp3 的生长及对 $S^{2-}$ 的生物氧化。

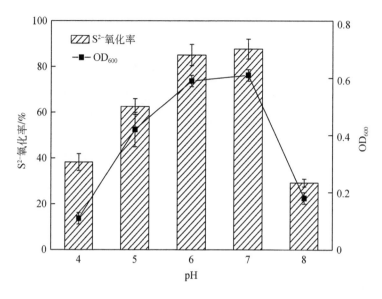

图 10-3 初始 pH 对 *Stenotrophomonas* sp. sp3 生长及 S²⁻氧化率的影响

## 10.3.3 初始葡萄糖浓度对菌株生长及致黑关键污染物氧化率的影响

葡萄糖是一种来源较广且重要的简单碳水化合物，它在水处理的生化途径中扮演着重要作用，可被微生物普遍利用，许多与生物代谢途径相关的研究均采用葡萄糖作为主要碳源（莫艳华等，2012）。因此，以不同初始葡萄糖浓度（0.05%、0.10%、0.25%、0.50%、1.00%）配制含 S²⁻废水，考察初始葡萄糖浓度对 *Stenotrophomonas* sp. sp3 生长及对 S²⁻氧化率的影响，结果如图 10-4 所示。当初始葡萄糖浓度由 0.05% 提高至 0.25% 时，*Stenotrophomonas* sp. sp3 的生长量显著增加。这说明葡萄糖是极易被 *Stenotrophomonas* sp. sp3 分解利用的碳源，能促进细菌的生长繁殖。当初始葡萄糖浓度继续提高至 1% 时，菌株生长量的增长趋于缓慢，这是因为微生物细胞膜输入葡萄糖的能力趋近饱和。S²⁻氧化率随着初始葡萄糖浓度的提高呈现先增加后下降的变化趋势。当初始葡萄糖浓度为 0.25% 时，菌株对 S²⁻的生物氧化能力最强，S²⁻的氧化率达到 83% 左右。因此，最适宜的初始葡萄糖浓度为 0.25%。

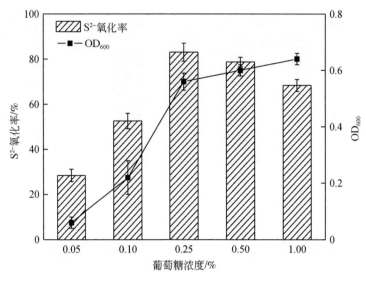

图 10-4　初始葡萄糖对 *Stenotrophomonas* sp. sp3 生长及 $S^{2-}$ 氧化率的影响

## 10.3.4　初始菌浓度对菌株生长及致黑关键污染物氧化率的影响

初始菌浓度亦是影响微生物代谢活动的重要因素之一（Liu et al., 2008）。初始菌浓度对 *Stenotrophomonas* sp. sp3 生长及对 $S^{2-}$ 氧化率的影响如图 10-5 所示。当

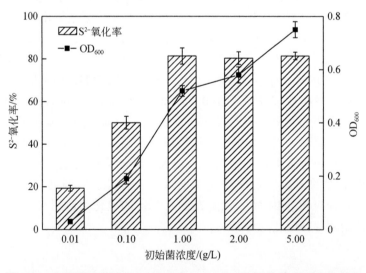

图 10-5　初始菌浓度对 *Stenotrophomonas* sp. sp3 生长及 $S^{2-}$ 氧化率的影响

初始菌浓度由 0.01g/L 提高至 1.00g/L 时，$S^{2-}$ 氧化率达到最高，为 81.3%。继续提高初始菌浓度后，*Stenotrophomonas* sp. sp3 对 $S^{2-}$ 的氧化却保持基本稳定。Pradhan 和 Rai（2000）研究亦发现，将菌株生物量由 0.064 g 提高 1 倍时，微生物对 $Cu^{2+}$ 的去除率却不再增加。因此，在本研究中最适的初始菌浓度为 1.00g/L。

## 10.3.5  寡养单胞菌在含 $S^{2-}$ 废水中的生长曲线与 $S^{2-}$ 氧化曲线

通过研究 *Stenotrophomonas* sp. sp3 的生长特性及硫氧化特性，获得 $S^{2-}$ 氧化的适宜条件：温度 25℃，初始 pH7.0，初始葡萄糖浓度 0.25%，初始菌浓度 1.00g/L。将 *Stenotrophomonas*. sp. sp3 在此适宜条件下培养 72h，得到 $S^{2-}$ 的剩余浓度及菌株生长量的变化曲线，结果如图 10-6 所示。*Stenotrophomonas* sp. sp3 的生长曲线符合细菌的群体生长规律。前 16h 为菌株的延滞期。随着菌株的加入，$S^{2-}$ 剩余浓度开始迅速下降。在第 16h 后，菌株开始快速生长，至第 35h 达到最大值。因此，这 19h 为菌株的对数生长期。在此期间，菌株对 $S^{2-}$ 的氧化反应继续进行，促使 $S^{2-}$ 的剩余浓度持续下降。在第 35～60h，*Stenotrophomonas* sp. sp3 的数量处于基本稳定的状态，菌株的生长进入稳定期。在菌株的稳定期，$S^{2-}$ 的剩余浓度缓慢下降，在第 60h 达到最低值，为 2.9mg/L，$S^{2-}$ 氧化率高达 86.6%。此后，菌株的数量开始迅速下降，*Stenotrophomonas* sp. sp3 处于衰亡期。而，$S^{2-}$ 的剩余浓度在 *Stenotrophomonas* sp. sp3 的衰亡期保持基本稳定的状态。上述结果表明，*Stenotrophomonas* sp. sp3 对 $S^{2-}$ 的生物氧化过程发生在前 35h，即菌株的延滞期和对数生长期。

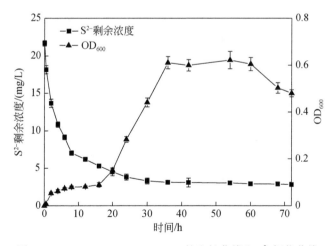

图 10-6  *Stenotrophomonas* sp. sp3 的生长曲线和 $S^{2-}$ 氧化曲线

# 10.4 固定化条件对菌剂水处理效果的影响

## 10.4.1 固定吸附 pH 对水处理效果的影响

pH 是影响微生物生命活动及水处理效果的重要因素之一（Li et al., 2017）。不同 pH 条件下所制备的固定化菌剂对 $S^{2-}$ 氧化率及 COD、$NH_4^+$-N、TP 去除率如图 10-7 所示。由图可知，吸附固定 pH 由强酸性到弱碱性变化时固定化菌剂的 $S^{2-}$ 氧化率及其他各项指标（COD、$NH_4^+$-N、TP 去除率）均呈现先上升后下降的变化趋势。当固定吸附 pH 在 4.0~7.0 时，固定化菌剂的 $S^{2-}$ 氧化率由 23.9% 提高至 68.9%，COD、$NH_4^+$-N、TP 去除率分别由 8.1%、11.2%、4.2% 提高至 26.9%、43.5%、19.8%。当固定吸附 pH 为 8.0 时，$S^{2-}$ 氧化率达到最大，为 73.3%。当固定吸附 pH 由 8.0 提高至 9.0 时，固定化菌剂的 $S^{2-}$ 氧化率显著下降至 61.6%。同时，COD、$NH_4^+$-N 和 TP 的去除率分别降低至 23.1%、38.1% 和 15.2%。这可能是由于 pH 变化对微生物生命活动产生明显影响，通过引起蛋白质、核酸等生物大分子所带电荷及细胞膜的通透性发生变化，从而影响其生物活性及微生物对营养物质的吸收和新陈代谢等（Erfle et al., 1982；Fernandez et al., 2007）。当 pH 由中性变化至弱碱性时，相比于游离状态的 *Stenotrophomonas* sp. sp3 的处理效果（徐瑶瑶等，2019），固定化 *Stenotrophomonas* sp. sp3 可以维持

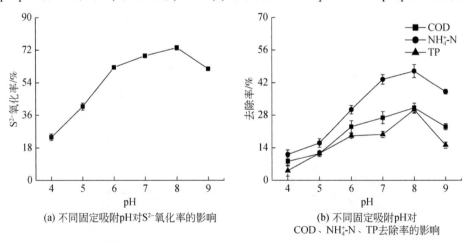

(a) 不同固定吸附pH对$S^{2-}$氧化率的影响　　(b) 不同固定吸附pH对 COD、$NH_4^+$-N、TP去除率的影响

图 10-7 不同固定吸附 pH 对水处理效果的影响

更高的 $S^{2-}$ 氧化率，这说明固定化菌剂比游离菌具有更好的碱性耐受性，原因可能是吸附在沸石颗粒载体上的微生物会通过不断生长和增殖形成稳定的生物膜，从而保护微生物细胞，使微生物内部的 pH 保持稳定（Zhuang et al., 2015）。因此，最适宜固定吸附 pH 为 8.0。

## 10.4.2 吸附时间对水处理效果的影响

按照不同吸附时间（18h、24h、30h、37.5h、45h、60h）制得的固定化菌剂，对 $S^{2-}$ 的氧化效果及对 COD、$NH_4^+$-N、TP 的去除效果如图 10-8 所示。由图可知，当固定化吸附时间为 18~37.5h，固定化菌剂对 $S^{2-}$ 的氧化率从 43.1% 增至最大值 75.9%；当固定化吸附时间由 37.5h 延长至 60h 时，固定化菌剂对 $S^{2-}$ 的氧化率减小为 8.8%。固定化菌剂对 COD、$NH_4^+$-N 和 TP 去除率随着固定化时间的延长逐渐提高，在 45h 分别达到 27.4%、48.8% 和 20.4%，当固定化时间延长至 60h 时，COD、$NH_4^+$-N 和 TP 去除率减少至 23.5%、49.4% 和 15.2%。固定化时间从 18h 延长到 60h 时，固定化菌剂对 $S^{2-}$ 的氧化率及 COD、$NH_4^+$-N、TP 去除率均呈现先上升后下降的变化趋势，符合菌株的生长曲线（图 10-6）。18~30h，菌株处于对数生长期，在此期间，菌株快速生长繁殖，但是菌群数量仍处于较低水平，导致沸石颗粒对微生物的吸附量较少，进而影响固定化菌剂对 $S^{2-}$ 的氧化效果及对 COD、$NH_4^+$-N、TP 的去除效果。37.5~45h 小时菌体处于稳定期，菌体的活性和数量达到最高，所以其对 $S^{2-}$ 氧化率及 COD、$NH_4^+$-N、TP 去除率维持较高水平。当固定时间过长（固定化时间为 60h），一方面菌株处于衰亡

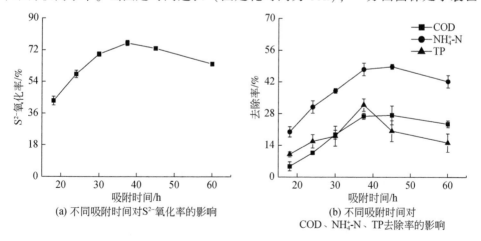

(a) 不同吸附时间对 $S^{2-}$ 氧化率的影响

(b) 不同吸附时间对
COD、$NH_4^+$-N、TP 去除率的影响

图 10-8 不同吸附时间对水处理效果的影响

期，菌体繁殖率降低，且有限的营养物质及氧气限制了菌株的生长，使沸石颗粒中活菌数量大大减少（宋秀霞，2012）；另一方面菌株在沸石颗粒中逐渐堆积形成生物膜，固定化时间过长可引起生物膜外层菌体脱落造成沸石颗粒中菌株数量减少（Su et al.，2006），导致较低的 $S^{2-}$ 氧化率及 COD、$NH_4^+$-N、TP 去除率。因此，沸石颗粒对微生物的最适宜的固定化时间为 37.5h。

## 10.4.3 接种量对水处理效果的影响

接种量亦是影响 $S^{2-}$ 氧化率的重要因素之一。图 10-9（a）显示，随着菌株接种量的增加，固定化菌剂对 $S^{2-}$ 的氧化率呈现先升高并平稳最后降低的显著变化趋势。当菌株接种量由 0.01% 增加至 1% 时，$S^{2-}$ 的氧化率均在 50% 以下，此时 COD、$NH_4^+$-N、TP 去除率亦均处于较低水平，其中 COD 和 TP 去除率均在 25% 以下，$NH_4^+$-N 去除率在 40% 以下 ［图 10-9（b）］。当菌株接种量为 5% 和 10% 时，$S^{2-}$ 的氧化率及 COD、$NH_4^+$-N 和 TP 去除率均处于较高水平，分别为 76.4% 和 75.2%、27.8% 和 25.6%、48.2% 和 47.0%、26.3% 和 28.1%。当继续增加菌剂接种量至 20% 时，固定化菌剂的 $S^{2-}$ 氧化率减小至 69.4%，COD、$NH_4^+$-N 和 TP 去除率皆略有下降。Pradhan 和 Rai（2000）研究亦发现，将菌株生物量由 0.064g 提高 1 倍时，微生物对 $Cu^{2+}$ 的去除率却不再增加；马伶俐（2017）研究发现，将固定化菌剂接种量从 10% 提高至 20% 时，其最终对原油的除油率降低了 10.2%。在 $S^{2-}$ 生物氧化过程中，当接种量较小时，沸石颗粒中微生物数量过少进而导致 $S^{2-}$ 氧化效果不明显，该情况下体系中产生的含硫污染物逐渐积累于微生物体内，对微生物造成毒害作用（Sugio et al.，1987），导致微生物活性降

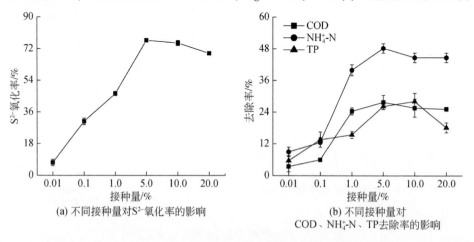

(a) 不同接种量对 $S^{2-}$ 氧化率的影响

(b) 不同接种量对 COD、$NH_4^+$-N、TP 去除率的影响

图 10-9　不同接种量对水处理效果的影响

低甚至死亡；当接种量过高时，可造成沸石颗粒中所吸附的微生物数量过多，加剧微生物之间对营养物质和氧气的竞争，从而可导致某些处于劣势的微生物被淘汰而死亡，且过多的微生物会产生较多有毒代谢产物（Fiedurek et al., 2017），也会降低微生物的存活率，从而影响固定化菌剂的水处理效果。

综上所述，当菌株接种量为 5% 和 10% 时，$S^{2-}$ 的氧化率及 COD、$NH_4^+$-N 和 TP 去除率差异不明显，出于节约成本，本实验最佳的菌剂接种量为 5%。

## 10.4.4　载体添加量对水处理效果的影响

考察固定化载体添加量对黑臭水样中 $S^{2-}$ 氧化率及 COD、$NH_4^+$-N、TP 去除率的影响，结果见图 10-10。

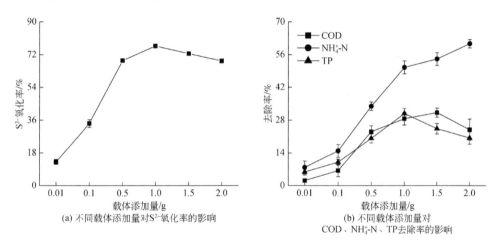

(a) 不同载体添加量对 $S^{2-}$ 氧化率的影响

(b) 不同载体添加量对
COD、$NH_4^+$-N、TP 去除率的影响

图 10-10　不同载体添加量对水处理效果的影响

由图 10-10 可知，按 1g 的载体添加量所制备的固定化菌剂对 $S^{2-}$ 的氧化效果最好，氧化率为 76.8%，其他载体添加量所制备的固定化菌剂对 $S^{2-}$ 的氧化率分别为：0.01g 载体添加量 $S^{2-}$ 氧化率为 13.0%；0.1g 载体添加量 $S^{2-}$ 氧化率为34.2%；0.5g 载体添加量 $S^{2-}$ 氧化率为 68.8%；1.5g 载体添加量 $S^{2-}$ 氧化率为72.6%；2.0g 载体添加量 $S^{2-}$ 氧化率为 68.6%。同样地，不同固定化载体添加量所制得的固定化菌剂对 COD 和 TP 的去除率均呈现先增大后减小的变化趋势。原因可能为载体添加量较少，固定吸附菌体的有效比表面积较小，载体的菌体吸附量较少，进而对 $S^{2-}$ 的氧化效果和对 COD、$NH_4^+$-N 和 TP 的去除效果较差；载体添加量过多时，固定吸附菌体的比表面积增大，固定化载体间相互碰撞次数较多，使菌体的脱落量增大，从而影响了所制备的固定化菌剂对 $S^{2-}$ 的氧化效果和

对 COD、$NH_4^+$-N 和 TP 的去除效果。值得注意的是，随着载体添加量的增加，$NH_4^+$-N 去除率一直保持较高水平，这可能与所选的固定化载体即沸石本身具有吸附 $NH_4^+$-N 的功能有关（Kim et al.，2012）。

## 10.5 响应面优化菌剂固定化条件

在固定化条件单因素试验的基础上，根据 BBD 试验设计原理，设计 4 因素 3 水平的响应面分析试验，共有 27 个试验点，试验结果见表 10-6。用 Design-Expert 8.0.6 软件对表中数据进行多元回归拟合，得到以 $S^{2-}$ 氧化率（$Y$）对固定吸附 pH（$A$）、吸附时间（$B$）、接种量（$C$）、载体添加量（$D$）的多元回归方程：

$$Y = 82.23 + 1.54 \times A + 0.51 \times B + 1.65 \times C + 0.096 \times D - 3.14 \times AB - 3.06 \times AC - 2.73 \times BC - 2.31 \times BD - 1.66 \times CD - 4.62 \times A^2 - 4.05 \times B^2 - 5.78 \times C^2 - 4.75 \times D^2$$

$$(10-1)$$

表 10-6 响应面的 BBD 试验设计方案及结果

| 实验号 | 因素 | | | | $Y$ |
| --- | --- | --- | --- | --- | --- |
| | $A$ | $B$ | $C$ | $D$ | |
| 1 | 7.0 | 37.5 | 5.0 | 1.5 | 75.04 |
| 2 | 7.0 | 37.5 | 10.0 | 1.0 | 82.12 |
| 3 | 8.0 | 45.0 | 10.0 | 1.0 | 72.51 |
| 4 | 8.0 | 30.0 | 10.0 | 1.0 | 73.48 |
| 5 | 6.0 | 45.0 | 10.0 | 1.0 | 76.75 |
| 6 | 7.0 | 37.5 | 5.0 | 0.5 | 71.19 |
| 7 | 7.0 | 37.5 | 15.0 | 0.5 | 76.88 |
| 8 | 7.0 | 37.5 | 15.0 | 1.5 | 71.48 |
| 9 | 8.0 | 37.5 | 10.0 | 0.5 | 75.67 |
| 10 | 7.0 | 30.0 | 15.0 | 1.0 | 73.68 |
| 11 | 7.0 | 45.0 | 5.0 | 1.0 | 76.02 |
| 12 | 7.0 | 45.0 | 15.0 | 1.0 | 71.45 |
| 13 | 6.0 | 37.5 | 10.0 | 1.5 | 73.35 |
| 14 | 6.0 | 37.5 | 10.0 | 0.5 | 67.68 |

续表

| 实验号 | 因素 | | | | Y |
|---|---|---|---|---|---|
| | A | B | C | D | |
| 15 | 7.0 | 30.0 | 5.0 | 1.0 | 67.34 |
| 16 | 8.0 | 37.5 | 10.0 | 1.5 | 73.61 |
| 17 | 7.0 | 37.5 | 10.0 | 1.0 | 82.68 |
| 18 | 8.0 | 37.5 | 5.0 | 1.0 | 77.83 |
| 19 | 8.0 | 37.5 | 15.0 | 1.0 | 72.68 |
| 20 | 7.0 | 30.0 | 10.0 | 0.5 | 69.48 |
| 21 | 7.0 | 30.0 | 10.0 | 1.5 | 72.35 |
| 22 | 7.0 | 45.0 | 10.0 | 1.5 | 70.67 |
| 23 | 6.0 | 37.5 | 15.0 | 1.0 | 75.65 |
| 24 | 7.0 | 37.5 | 10.0 | 1.0 | 81.88 |
| 25 | 6.0 | 37.5 | 5.0 | 1.0 | 68.24 |
| 26 | 7.0 | 45.0 | 10.0 | 0.5 | 74.45 |
| 27 | 8.0 | 45.0 | 10.0 | 1.0 | 71.84 |

对表 10-6 中的试验结果进行统计分析，得到的方差分析结果如表 10-7 所示。回归方程中各变量对响应值影响的显著性由 $F$ 检验来判定，概率 $p$ 值越小，则相应变量的显著程度越高（曾颖等，2018）。回归模型整体方差分析结果表明，$F$ 值为 25.061，$p$ 远小于 0.001，说明模型是极显著的，有统计学意义。失拟合项方差分析结果表明，$F$ 值为 8.043，$p=0.0566$，远大于 0.05，说明模型合理，无须拟合更高次项方程，未知因素对实验结果干扰很小，无需要引入更多的自变量（李鹏飞等，2011）。模型拟合分析结果如表 10-8 所示。模型决定系数（R-Squared）为 0.967，调整决定系数（Adj R-Squared）为 0.928，说明响应值的变化 96.7% 来源于所选因素，较好地反映了 $S^{2-}$ 氧化率与固定吸附 pH、吸附时间、接种量及载体添加量的关系。变异系数（C. V.）表示不同水平的处理组之间的变异程度，一般小于 5%，该模型变异系数为 1.467%，变异极小，说明模型的可信度高，实验数据合理，可重复性好。信噪比（Adeq Precision）是表示信号与噪声的比例，通常希望该值大于 4（王思源和但晓容，2018）。本模型中信噪比值为 18.220，说明了模型的充分性和合理性，模型具有足够高的精确度，因此可用该模型对固定化条件促进 $S^{2-}$ 氧化进行分析和预测。

由回归方程系数显著性检验可知：模型一次项影响顺序是 $C>A>B>D$，即菌

剂接种量对 $S^{2-}$ 氧化率影响最大，其次是固定吸附 pH、吸附时间，载体添加量对 $S^{2-}$ 氧化率影响最小，其中 $C$、$A$ 处于极显著水平；二次项 $A^2$、$B^2$、$C^2$、$D^2$ 均处于极显著水平；交互项均处于极显著水平。说明实验所选因素对 $S^{2-}$ 氧化率的影响存在二次项效应、线性效应以及交互效应，不是简单的线性关系。

表 10-7　$S^{2-}$ 氧化率模型的方差分析

| 方差来源 | 平方和 | 自由度 | 均方 | $F$ | $p$ | 显著性 |
|---|---|---|---|---|---|---|
| 模型 | 412.556 | 14 | 29.468 | 25.061 | <0.0001 | ＊＊ |
| $A$-固定吸附 pH | 23.744 | 1 | 23.744 | 20.193 | 0.0007 | ＊＊ |
| $B$-吸附时间 | 3.162 | 1 | 3.162 | 2.689 | 0.1270 | |
| $C$-接种量 | 27.516 | 1 | 27.516 | 23.400 | 0.0004 | ＊＊ |
| $D$-载体添加量 | 0.110 | 1 | 0.110 | 0.094 | 0.7647 | |
| $AB$ | 39.438 | 1 | 39.438 | 33.540 | <0.0001 | ＊＊ |
| $AC$ | 30.525 | 1 | 30.525 | 25.960 | 0.0003 | ＊＊ |
| $AD$ | 14.938 | 1 | 14.938 | 12.704 | 0.0039 | ＊＊ |
| $BC$ | 29.757 | 1 | 29.757 | 25.307 | 0.0003 | ＊＊ |
| $BD$ | 21.391 | 1 | 21.391 | 18.191 | 0.0011 | ＊＊ |
| $CD$ | 11.056 | 1 | 11.056 | 9.402 | 0.0098 | ＊＊ |
| $A^2$ | 110.168 | 1 | 110.168 | 93.691 | <0.0001 | ＊＊ |
| $B^2$ | 86.776 | 1 | 86.776 | 73.798 | <0.0001 | ＊＊ |
| $C^2$ | 172.332 | 1 | 172.332 | 146.558 | <0.0001 | ＊＊ |
| $D^2$ | 119.546 | 1 | 119.546 | 101.667 | <0.0001 | ＊＊ |
| 残差 | 14.110 | 12 | 1.176 | | | |
| 失拟合 | 13.549 | 9 | 1.505 | 8.043 | 0.0566 | |
| 纯误差 | 0.562 | 3 | 0.187 | | | |
| 总离差 | 426.667 | 26 | | | | |

＊$p<0.05$ 表示显著；

＊＊$p<0.01$ 表示极显著

表 10-8　模型拟合分析

| 项目 | 数值 | 项目 | 数值 |
|---|---|---|---|
| 标准偏差 | 1.084 | 模型拟合优度 R 平方值 | 0.967 |
| 平均值 | 73.926 | 调整 R 平方值 | 0928 |

续表

| 项目 | 数值 | 项目 | 数值 |
|------|------|------|------|
| 变异系数 | 1.467 | 预测 R 平方值 | 0.800 |
| 预测误差平方和 | 85.342 | 信噪比 | 18.220 |

响应面分析图由响应值和各试验因素构成,显示了 $A$、$B$、$C$、$D$ 中任意两个因素取最佳水平时,其余两个因素对 $S^{2-}$ 氧化率的影响。利用软件 Design-Expert 8.0.6 对回归方程进行响应面分析,绘制等高线图及其响应曲面图,结果见图 10-11。固定吸附 pH 与吸附时间、固定吸附 pH 与菌剂接种量、固定吸附 pH 与载体添加量、吸附时间与菌剂接种量、吸附时间与载体添加量、菌剂接种量与载体添加量这六组交互作用对响应值的影响可以直观地从等高线图及响应曲面图中看出。

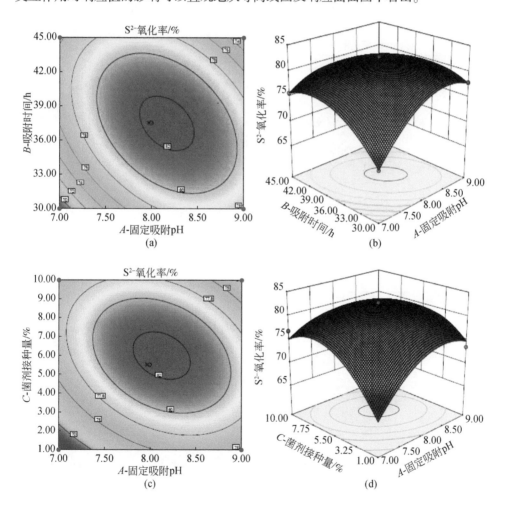

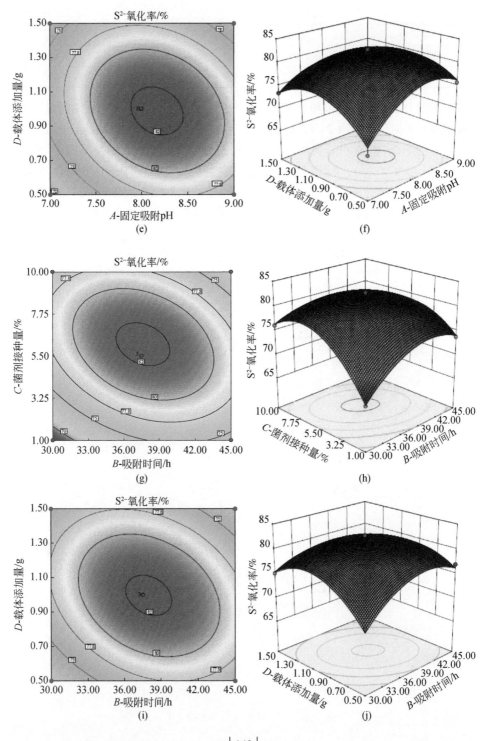

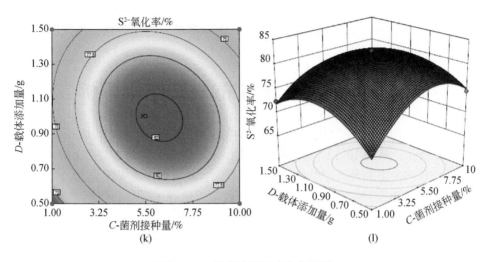

图 10-11 等高线图及响应曲面图

(a) 固定吸附 pH 与吸附时间对 $S^{2-}$ 氧化率的等高线图；(b) 固定吸附 pH 与吸附时间对 $S^{2-}$ 氧化率的响应曲面图；(c) 固定吸附 pH 与接种量对 $S^{2-}$ 氧化率的等高线图；(d) 固定吸附 pH 与接种量对 $S^{2-}$ 氧化率的响应曲面图；(e) 固定吸附 pH 与载体添加量对 $S^{2-}$ 氧化率的等高线图；(f) 固定吸附 pH 与载体添加量对 $S^{2-}$ 氧化率的响应曲面图；(g) 吸附时间与接种量对 $S^{2-}$ 氧化率的等高线图；(h) 吸附时间与接种量对 $S^{2-}$ 氧化率的响应曲面图；(i) 吸附时间与载体添加量对 $S^{2-}$ 氧化率的等高线图；(j) 吸附时间与载体添加量对 $S^{2-}$ 氧化率的响应曲面图；(k) 接种量与载体添加量对 $S^{2-}$ 氧化率的等高线图；(l) 接种量与载体添加量对 $S^{2-}$ 氧化率的响应曲面图

等高线图是曲面上相同的响应值在底面上形成的曲线，等高线越趋近于正圆，说明两者的交互作用越小，等高线越趋近于椭圆，说明两者的交互作用越大（Pei et al.，2012），等高线的密集程度反映了该因素对 $S^{2-}$ 氧化率的影响程度，等高线越密集，对 $S^{2-}$ 氧化率影响越大。本研究等高线图基本呈现椭圆形，说明因素间存在交互作用。

响应面图坡度越大，该因素对 $S^{2-}$ 氧化率的影响也越大，但两个因素存在交互作用时，一个因素在另一个因素的不同水平对 $S^{2-}$ 氧化率的影响过程有差异。本研究响应曲面图均呈现开口向下的钟罩形，即随着因素水平的增加，$S^{2-}$ 氧化率呈现先增加后下降的趋势，存在极大值。

从图 10-11 中及软件分析，对拟合的二次方程以 $S^{2-}$ 氧化率最大为目标进行求解，得出最优固定化条件，当 $A$-pH 为 8.14，$B$-固定化时间为 37.35h，$C$-菌剂接种量为 6.02%，$D$-载体添加量为 0.98g 时，$S^{2-}$ 氧化率达最高，理论预测值为 82.42%。

为了验证响应面预测结果的可靠性，在上述最佳固定化条件下进行 3 次平行验证试验，$S^{2-}$氧化率的平均值为 81.56%，与预测结果非常接近，拟合率达 99%，误差小于 5%，表明实际结果与预测结果有良好的拟合性，优化模型可信度高。

# 10.6 固定化菌剂的表观结构分析

采用扫描电镜分别对固定化前后的沸石颗粒进行微观结构表征，结果如图 10-12 所示。从图 10-12（a）可以看出，未吸附菌剂的沸石颗粒表面较粗糙，构架中有较多的空腔及孔隙结构，比表面积大，具有较多的吸附位点，使微生物有足够的氧气和生存空间进行正常的新陈代谢，促进了底物和代谢产物的扩散，有利于沸石颗粒较好地吸附和储存菌群。从图 10-12（b）可以明显观察到沸石颗粒表面附着的短杆状菌体，还有部分菌体在内壁连接成片状或团聚成块状，说明微生物可以通过新陈代谢分泌胞外物质，快速黏附在沸石颗粒表面并相互连接，形成生物膜结构，使菌体更牢固地附着在载体上（Bonaventura et al.，2008）。与固定吸附前的沸石颗粒相比［图 10-12（a）］，经微生物固定吸附后的沸石颗粒的表面变得更加平滑，孔隙结构不再那么明显且数量略有减少，这主要是大部分孔隙被菌体填充和覆盖。

BCPCAS4800 5.0kV 15.0mm×5.00k SE(M)　　　　　10.0μm

(a) 固定吸附菌剂前

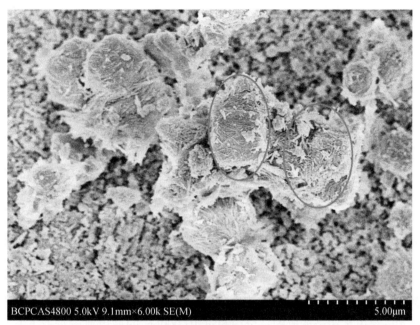

BCPCAS4800 5.0kV 9.1mm×6.00k SE(M)                5.00μm

(b) 固定吸附菌剂后

图 10-12    沸石颗粒固定吸附菌剂前后的扫描电镜图

# |第11章| 展　　望

随着国民经济增长和社会发展步伐的加快，城市规模日益膨胀，城市环境基础设施日渐不足，城市污水排放量不断增加，大量污染物入河，河流水体污染严重。根据2014年《中国环境状况公报》报道，全国423条主要河流、62座重点湖泊的968个国控地表水监测断面（点位）开展了水质监测，Ⅰ、Ⅱ、Ⅲ、Ⅴ和劣Ⅴ类水质断面分别占3.4%、30.4%、29.3%、20.9%、6.8%和9.2%。全国主要流域的Ⅰ~Ⅲ类水质断面占64.2%，劣Ⅴ类占17.2%，七大水系水质总体为中度污染，浙闽区河流水质为轻度污染，湖泊（水库）富营养化问题突出。海河、辽河、淮河、巢湖、滇池、太湖污染严重。在七大水系中，不适合作为饮用水源的河段已接近40%，其中淮河流域和滇池最为严重。南方城市总缺水量的60%~70%是由水污染造成的；全国超过10 000km的城市河段丧失了Ⅴ类水的最基本使用功能；生态系统退化或崩溃。

与此同时，许多地方的水体出现了常年性或季节性的黑臭现象。城市黑臭水体主要源于城市点源及非点源污染、水体滞流、水系不通断流等因素，存在面广量大、个体体量多数偏小、空间分布复杂、部分黑臭水体变动幅度大、水质难以稳定达标等特点，其治理、监管、评价考核存在较大难度。传统方法对黑臭水体的监测可以用多指标表征，但表现出表征的综合性不足、与黑臭的感官接轨难度大、空间覆盖欠缺、时效性差、数据客观性难以保证等缺陷，而且地面监测的人力物力成本较高，导致监管服务能力不佳。

随着航空航天硬件技术的发展，遥感技术在水环境探测的研究领域得到了比较充分的应用。国外的应用研究，大多数侧重于区域跨度较大范围的研究对象，与遥感技术的大尺度范围监控优势相一致，而且着重在遥感对象特征值比较突出的应用领域。国内遥感技术在水体探测研究方面同样也取得了很大的进展，包括提出了水质空间分布信息，遥感数据可较好地反映不同水质类型及它们之间的渐变或过渡特征。近年来，航空无人机遥感技术快速发展，其低成本、高安全性、高机动性和高分辨率等技术特点，使其在环境保护领域中的应用有着得天独厚的优势，能够发挥其强有力的技术支撑作用。在水环境监测方面，借助无人机搭载的多光谱成像仪生成多光谱图像，能够直观全面地监测地表水环境质量状况，提供水质富营养化、水华、水体透明度、悬浮物、排污口污染状况等信息的专题图，从而达到对水质特征污染物监视性监测的目的。随着遥感技术的革新和对物质光谱特征研究的深入，越来越多的遥感数据可用于水质监测，大致可以分为以下 4 类：①浑浊度；②浮游植物；③DOM；④化学性水质指标。在这 4 类参数中，最先被遥感的水质参数是悬浮物，很多研究证明了遥感定量监测悬浮物含量的可行性。利用叶绿素独特的吸收光谱，国内外学者在水中叶绿素含量的遥感监测上也做了大量工作。与第一类第二类水质参数相比，后两类水质参数的遥感监测技术较不成熟，还没有形成系统的分析模式。另外，GIS 被应用到水环境管理研究中。目前，国外把 GIS 广泛应用于水环境领域，包括区域水环境管理、水环境管理平台等。爱尔兰国立都柏林大学水资源研究中心研究开发的流域水环境管理决策支持系统（DSS-CWM），通过 Arc/Info 与流域水质、水量等模型的有机结合，提供查询、分析和预测流域内各主要河段的水质、水量状况的功能。

因此，卫星遥感技术可用于城市黑臭水体分布监管方面。它作为监测城市黑臭水体分布的高效手段之一，能够动态、快速地调查城市黑臭水体的空间分布以及评估水污染防治的成效。但是，由于目前在轨运行的卫星遥感传感器存在一定的空间、时间、光谱分辨率的局限，直接采用卫星遥感监测对黑臭水体的排查识别和分级反演的精度将会产生一定影响。

黑臭水体治理技术的选择应始终坚持"因地制宜、综合措施、技术集成、统筹管理、长效运行"的基本原则（胡洪营等，2015）。结合黑臭水体所在城市的地域特点，根据黑臭水体污染程度、污染原因、水体水文水质特征等因素，筛选并优化治理技术，科学制定黑臭水体整治方案。城市黑臭水体综合整治方案路线如图 11-1 所示。城市黑臭水体的综合整治，应在点源、面源等黑臭污染源解析及成因分析基础上，系统调查与评估城市建成区内环境基础设施，贯彻实施海绵城市建设理念，按照源头减排、过程控制、系统治理提出综合整治方案。在城市黑臭水体治理技术及措施选择上，应结合城市的地域特点，针对每条黑臭水体的主要问题，甄选及优化组合技术及措施。

此外，为了使消除黑臭的水体长效保持良好水质，达到长"制"久清的目的，则需要建立健全长效保持机制（图 11-2）。通过落实河长制、奖惩机制等 4 项组织及管理机制，完善排污许可管理、市政管网私搭乱接溯源执法机制等 5 项排污与治污管理机制，健全工程质量全过程监管机制、水体及各类治污设施日常维护养护管理等 4 项运行与维护管理机制，建立厂-网-河一体化运维机制等 2 项水岸一体化管理机制，全面加强对水体的综合管控，多措并举，确实保障水质的长"制"久清。

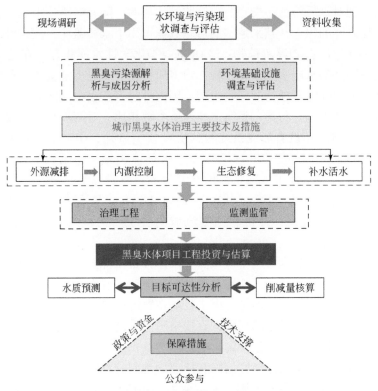

图 11-1　城市黑臭水体综合整治方案路线

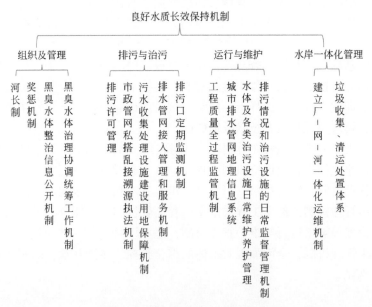

图 11-2　良好水质长效保持机制

# 参 考 文 献

白娜 . 2018. 典型区域黑臭水体形成的微生物学过程探究 ［D］. 北京：首都经济贸易大学硕士学位论文 .

包蓉，刘本洪 . 2016. 微表层油膜漂浮物对富营养水体水质指标的影响 ［J］. 绿色科技，8：43-45.

曹红业 . 2017. 中国典型城市黑臭水体光学特性分析及遥感识别模型研究 ［D］. 成都：西南交通大学硕士学位论文 .

陈超，钟继承，范成新，等 . 2014. 疏浚对湖泛的影响：以太湖八房港和闾江口水域为例 ［J］. 中国环境科学，34（8）：2071-2077.

陈锋，孟凡生，王业耀，等 . 2016. 多元统计模型在水环境污染物源解析中的应用 ［J］. 人民黄河，38（1）：79-84.

陈磊，王凌云，刘树娟，等 . 2013. 硝酸钙对深圳河底泥臭味及生物化学特性的影响 ［J］. 哈尔滨工业大学学报，45（6）：107-113.

陈伟燕，尹莉，乔丽丽，等 . 2018. 坑塘黑臭水体原位修复技术的应用研究 ［J］. 工业用水与废水，49（4）：32-35.

陈向国 . 2018. 傅涛：破解黑臭水体治理困局必须以系统化，生态化和智慧化为引领 ［J］. 节能与环保，292（10）：12-20.

程江，吴阿娜，车越，等 . 2006. 平原河网地区水体黑臭预测评价关键指标研究 ［J］. 中国给水排水，22（9）：18-22.

代小丽，阎光绪，宋佳宇，等 . 2017. 微生物固定化技术修复溢油污染潮间带的研究进展 ［J］. 环境工程，35（12）：41-44.

邸攀攀，张力，王岩，等 . 2015. 微生物固定化技术对污水中微生物丰度变化的影响 ［J］. 生态与农村环境学报，31（6）：942-949.

丁琦 . 2012. 小型景观水体环境黑臭产生的机制及其规律的研究 ［D］. 合肥：安徽建筑工业学院硕士学位论文 .

方东，许建华，徐实 . 2001. 生态工程治理玄武湖水污染效果的监测与评价 ［J］. 环境监测管理与技术，13（6）：36-36.

耿荣妹，胡小贞，许秋瑾，等 . 2016. 太湖东岸湖滨带水生植物特征及影响因素分析 ［J］. 环境科学与技术，39（12）：17-23.

工建龙 . 2002. 生物固定化技术与水污染控制 ［M］. 北京：科学出版社 .

宫璐璐 . 2019. 黑臭水体形成原因与治理技术研究 ［J］. 科学技术创新，（23）：96-97.

郭瑾，王淑莹 . 2007. 国内外再生水补给水源的实际应用与进展 ［J］. 中国给水排水，23

（6）：10-14.

郭庆华，胡天宇，马勤，等. 2020. 新一代遥感技术助力生态系统生态学研究 [J]. 植物生态
学报，44（4）：418-435.

国家环境保护总局《水和废水监测分析方法》编委会. 2002. 水和废水监测分析方法（第4
版）[M]. 北京：中国环境科学出版社.

国务院. 2015. 水污染防治行动计划 [Z]. http：//www. gov. cn/zhengce/content/2015-04/16/
content_ 9613. htm [2021-02-20].

韩文聪，张霄宇，陈嘉星，等，2021. 基于高分二号影像的城镇黑臭水体遥感监测 [J]. 环境
生态学，3（1）：63-71.

郝学财，余晓斌，刘志钰，等. 2006. 响应面方法在优化微生物培养基中的应用 [J]. 食品研
究与开发，127（1）：38-41.

何杰财. 2013. 固定化生物催化剂在河涌黑臭治理中的效能研究 [D]. 广州：华南理工大学硕
士学位论文.

胡洪营，孙艳，席劲瑛，等. 2015. 城市黑臭水体治理与水质长效改善保持技术分析 [J]. 环
境保护，43（13）：24-26.

黄畅. 2017. 哈尔滨市曹家沟黑臭预测评价及治理技术 [D]. 哈尔滨：哈尔滨工业大学硕士学
位论文.

纪刚. 2017. 基于遥感的黑臭水体识别方法研究及应用 [D]. 兰州：兰州交通大学硕士学位
论文.

柯志新，黄良民，谭烨辉，等. 2011. 2007年夏季南海北部浮游植物的物种组成及丰度分布
[J]. 热带海洋学报，30（1）：131-143.

柯志新. 2008. 太湖梅梁湾生物控藻围栏内鲢、鳙摄食生态和控藻效果的研究 [D]. 武汉：中
国科学院水生生物研究所博士学位论文.

李彬辉，梅立永，闵野，等. 2020. 黑臭水体的形成机理分析 [J]. 广东化工，47（22）：
87-89.

李斌，柏杨巍，刘丹妮，等. 2019. 全国地级及以上城市建成区黑臭水体的分布、存在问题及
对策建议 [J]. 环境工程学报，13（3）：511-518.

李玲玲，李云梅，吕恒，等. 2020. 基于决策树的城市黑臭水体遥感分级 [J]. 环境科学，41
（11）：5060-5072.

李鹏飞，蒋玉梅，李霁昕，等. 2011. 响应曲面法优化苦水玫瑰中抗氧化物质提取工艺参数
[J]. 食品工业科技，32（7）：278-282.

李勇，王超. 2003. 城市浅水型湖泊底泥磷释放特性实验研究 [J]. 环境科学与技术，26
（1）：26-28.

李跃勋，徐晓梅，洪昌海，等. 2009. 表面流人工湿地在滇池湖滨区面源污染控制中的应用研
究 [J]. 农业环境科学学报，28（10）：2155-2160.

林培. 2015.《城市黑臭水体整治工作指南》解读 [J]. 建设科技，18：14-15.

刘国锋，钟继承，何俊，等. 2009. 太湖竺山湾藻华黑水团区沉积物中 Fe、S、P 的含量及其
形态变化 [J]. 环境科学，30（9）：2520-2526.

刘国锋，何俊，范成新，等 . 2010. 藻源性黑水团环境效应：对水-沉积物界面处 Fe、Mn、S 循环影响［J］. 环境科学，31（11）：2652-2660.

刘树娟，陈磊，钟润生，等 . 2012. 硝酸钙对河流底泥中含硫化合物嗅味原位控制［J］. 环境科学研究，25（6）：691-698.

刘晓玲，徐瑶瑶，宋晨，等 . 2019. 城市黑臭水体治理技术及措施分析［J］. 环境工程学报，13（3）：519-529.

刘韵琴 . 2013. 再生水补给的城市景观水体富营养化和生态防治［J］. 中南林业科技大学学报（社会科学版），7（3）：30-35.

刘宗峰 . 2008. 黄河口及莱州湾表层沉积物中多环芳烃来源解析研究［D］. 青岛：中国海洋大学硕士学位论文 .

卢信，冯紫艳，商景阁，等 . 2012. 不同有机基质诱发的水体黑臭及主要致臭物（VOSCs）产生机制研究［J］. 环境科学，33（9）：3152-3159.

罗纪旦 . 1987. 苏州河底质污染、流送特性及其对水体黑臭影响的研究［D］. 上海：东华大学博士学位论文 .

罗纪旦，方柏容 . 1983. 黄浦江水体黑臭问题研究［J］. 上海环境科学，(5)：6-8.

罗雅，董文艺，吴华财 . 2012. 原位投加氧化剂去除河道污染底泥黑臭的研究［J］. 水利水电技术，43（8）：28-33.

骆梦文 . 1986. 黄浦江水体黑臭的由来［J］. 上海环境科学，(5)：32-38.

吕佳佳 . 2011. 黑臭水形成的水质和环境条件研究［D］. 武汉：华中师范大学硕士学位论文 .

吕佳佳，杨娇艳，廖卫芳，等 . 2014. 黑臭水形成的水质和环境条件研究［J］. 华中师范大学学报（自然科学版），48（5）：711-716.

马伶俐 . 2017. 生物炭基固化微生物及对石油污染土壤的修复研究［D］. 成都：西南石油大学硕士学位论文 .

马荣华，段洪涛，唐军武 . 2010. 湖泊水环境遥感［M］. 北京：科学出版社 .

莫艳华，汤佳，张仁铎，等 . 2012. 外加营养源作用下微生物黏结剂对土壤团聚体的影响［J］. 环境科学，33（03）：952-957.

聂俊英，邹伟国 . 2017. 城市黑臭水体的功能恢复与水质改善案例分析［J］. 给水排水，53（04）：34-36.

宁梓洁，王鑫 . 2018. 黑臭水体治理技术研究进展［J］. 环境工程，36（8）：26-29.

蒲云辉，唐嘉陵，徐青，等 . 2020. 我国黑臭水体的形成机制与治理策略研究［J］. 广州化工，48（24）：128-130.

七珂珂 . 2019. 基于多源高分影像的城市黑臭水体遥感分级识别［D］. 成都：西南交通大学硕士学位论文 .

钱小燕，葛利云，陈泽平，等 . 2012. 高锰酸钾强化 PAC 混凝处理温瑞塘河黑臭水体试验研究［J］. 环境科学与管理，37（10）：113-116.

芮正琴 . 2017. 充气复氧条件下微生物与植物残体添加对黑臭水体净化效果的比较分析［D］. 南京：南京大学硕士学位论文 .

沙昊雷，寿佳晨，蔡鲁祥，等 . 2016. 三种水生植物对黑臭河水的净化效果研究［J］. 四川环境，35（4）：17-21.

申秋实. 2011. 藻源性湖泛致黑物质的物化特征及其稳定性研究［D］. 北京：中国科学院大学博士学位论文.

宋秀霞. 2012. 硫酸还原菌和海藻希瓦氏细菌对锌牺牲阳极材料的腐蚀影响研究［D］. 上海：上海海洋大学硕士学位论文.

孙林，于会泳，傅俏燕，等. 2016. 地表反射率产品支持的 GF-1 PMS 气溶胶光学厚度反演及大气校正［J］. 遥感学报，20（2）：216-228.

唐军武，田国良，汪小勇，等. 2004. 水体光谱测量与分析Ⅰ：水面以上测量法［J］. 遥感学报，8（1）：37-44.

陶亮亮，李鹏，丁敬敏，等. 2011. 化学混凝-高级氧化复合处理工艺处理制革含硫废水［J］. 皮革与化工，28（6）：8-10.

童朝锋，岳亮亮，郝嘉凌，等. 2012. 南京市外秦淮河水质模拟及引调水效果［J］. 水资源保护，28（6）：49-54.

汪小钦，刘高焕. 2002. 水污染遥感监测［J］. 遥感技术与应用，17（2）：74-77.

王国芳. 2015. 高密度蓝藻消亡对富营养化湖泊黑臭水体形成的作用及机理［D］. 南京：东南大学博士学位论文.

王海君. 2007. 太湖水色遥感大气校正方法研究［D］. 南京：南京师范大学硕士学位论文.

王谦，高红杰. 2019. 我国城市黑臭水体治理现状、问题及未来方向［J］. 环境工程学报，13（3）：507-510.

王思源，但晓容. 2018. 采用响应面法对便携式乐山钵钵鸡产品组合的研究［J］. 食品与发酵科技，54（6）：36-41.

王旭，王永刚，孙长虹，等. 2016. 城市黑臭水体形成机理与评价方法研究进展［J］. 应用生态学报，27（04）：1331-1340.

王宇. 2010. 城市污水处理厂工艺类型与优化选择研究［J］. 河南化工，27（8）：34.

王桢，郑文婕，刘国. 2013. 人造沸石对氨氮废水的吸附及其影响因素［J］. 工业安全与环保，39（4）：8-10.

温灼如，张瑛玉，洪陵成，等. 1987. 苏州水网黑臭警报方案的研究［J］. 环境科学，8（4）：1-7.

徐风琴，杨霆. 2003. 松花江哈尔滨江段黑臭现象分析［J］. 质量天地，7：46.

徐熊鲲，谢翼飞，陈政阳，等. 2017. 曝气强化微生物功能菌修复黑臭水体［J］. 环境工程学报，11（8）：4559-4565.

徐瑶瑶，宋晨，宋楠楠，等. 2019. 复合菌对黑臭水体中 S$^{2-}$ 的氧化条件优化及动力学特性［J］. 环境工程学报，13（3）：530-540.

薛欢. 2007. 城市湖泊引清调水数值模拟与调度模式研究［D］. 南京：河海大学硕士学位论文.

姚月. 2018. 基于 GF 多光谱影像的城市黑臭水体识别模型研究［D］. 兰州：兰州交通大学硕士学位论文.

叶姜瑜，程士兵，窦建军，等. 2012. 高效降解黑臭废水细菌的筛选及鉴定［J］. 环境工程，

30（S2）：13-16.

尹莉，张鹏昊，陈伟燕，等. 2018. 固定化微生物修复黑臭水体的生物技术研究［J］. 给水排水，54（S2）：51-55.

应太林，张国莹，吴芯芯. 1997. 苏州河水体黑臭机理及底质再悬浮对水体的影响［J］. 上海环境科学，1：23-26.

于玉彬. 2012. 缓流景观河道表观污染的变化规律及影响因素研究［D］. 苏州：苏州科技学院硕士学位论文.

于玉彬，黄勇. 2010. 城市河流黑臭原因及机理的研究进展［J］. 环境科技，23（A02）：111-114.

曾颖，余垒，朱新儒，等. 2018. 盐析法联合离子液体双水相纯化木瓜蛋白酶［J］. 食品科学，39（24）：261-267.

张安定. 2016. 遥感原理与应用题解［M］. 北京：科学出版社.

张安定，吴孟泉，孔祥生，等. 2016. GIS 专业实践教学体系及教学模式的探讨［J］. 地理空间信息，14（12）：98-109.

张丽萍，袁文权，张锡辉. 2003. 底泥污染物释放动力学研究［J］. 环境工程学报，4（2）：22-26.

张列宇，侯立安，刘鸿亮. 2016. 黑臭河道治理技术及案例分析［M］. 北京：中国环境出版社.

张敏，杨芹伟. 2004. 中心城区河道基本消除黑臭的可行性措施和对策［J］. 上海环境科学，4：161-163.

张长波，骆永明，吴龙华. 2007. 土壤污染物源解析方法及其应用研究进展［J］. 土壤，(2)：190-195.

Arikado E, Ishihara H, Ehara T, et al. 1999. Enzyme level of enterococcal F1Fo-ATPase is regulated by pH at the step of assembly［J］. European Journal of Biochemistry, 259（1-2）：262-268.

Babinchak J A, Graikoski J T, Dudley S, et al. 1977. Effect of dredge spoil deposition on fecal coliform counts in sediments at a disposal site［J］. Applied & Environmental Microbiology, 34（1）：38-41.

Bokhamy M, Adler N, Pulgarin C, et al. 1994. Degradation of sodium anthraquinone sulphonate by free and immobilized bacterial cultures［J］. Applied Microbiology and Biotechnology, 41（1）：110-116.

Bonaventura G D, Piccolomini R, Paludi D, et al. 2008. Influence of temperature on biofilm formation by Listeria monocytogenes on various food-contact surfaces［J］. Journal of Applied Microbiology, 104（6）：1552-1561.

Cao J X, Sun Q, Zhao D H, et al. 2020. A critical review of the appearance of black-odorous waterbodies in China and treatment methods［J］. Journal of Hazardous Materials, 385：121511.

Chang W S, Tran H T, Park D H, et al. 2009. Ammonium nitrogen removal characteristics of zeolite media in a biological aerated filter（BAF）for the treatment of textile wastewater［J］. Journal of Industrial & Engineering Chemistry, 15（4）：524-528.

Chen J J. 2012. Nitrogen and phosphorus removal and morphological and physiological response in under various planting densities [J]. Toxicological & Environmental Chemistry, 94 (7): 1319-1330.

Chen J N, Zhan P, Koopman B, et al. 2012. Bioaugmentation with Gordonia strain JW8 in treatment of pulp and paper wastewater [J]. Clean Technologies & Environmental Policy, 14 (5): 899-904.

Dunakska J A, Grochowska J, Wisniewski G. 2015. Can we restore badly degraded urban lakes [J]. Ecological Engineering, 82: 432-441.

Erfle J D, Boila R J, Teather R M, et al. 1982. Effect of pH on fermentation characteristics and protein degradation by rumen microorganisms in vitro [J]. Journal of Dairy Science, 65 (8): 1457-1464.

Fernandez R C, Ottoni C A, Silva E S D, et al. 2007. Screening of β-fructofuranosidase-producing microorganisms and effect of pH and temperature on enzymatic rate [J]. Applied Microbiology and Biotechnology, 75 (1): 87-93.

Fiedurek J, Trytek M, Szczodrak J. 2017. Strain improvement of industrially important microorganisms based on resistance to toxic metabolites and abiotic stress [J]. Journal of Basic Microbiology, 57: 445-459.

Foladori P, Ruaben J, Ortigara A R. 2013. Recirculation or artificial aeration in vertical flow constructed wetlands: a comparative study for treating high load wastewater [J]. Bioresource Technology, 149 (12): 398-405.

Gleser L J. 1997. Some thoughts on chemical mass balance models [J]. Chemometrics & Intelligent Laboratory Systems, 37 (1): 15-22.

Gordon H R, Morel A Y. 1983. Remote assessment of ocean color for interpretation of satellite visible imagery [M]. Berlin: Springer-Verlag.

Gordon H R, Morel A Y. 2010. Remote assessment of ocean color for interpretation of satellite visible imagery: A review [J]. Quarterly Journal of the Royal Meteorological Society, 111 (469): 872.

Gordon H R, Wang M H. 1994. Retrieval of water-leaving radiance and aerosol optical thickness over the oceans with seawifs: A pre-liminary algorithm [J]. Applied Optics, 33 (3): 443-452.

Gordon H R. 1997. Atmospheric correction of ocean color imagery in the Earth Observing System Era [J]. Journal of Geophysical Research: Atmospheres, 102 (D14): 17081-17106.

Gu D, Xu H, He Y, et al. 2015. Remediation of urban river water by pontederia cordata combined with artificial aeration: Organic matter and nutrients removal and root-adhered bacterial communities [J]. International Journal of Phytoremediation, 17 (11): 1105-1114.

Gu S H, Kralovec A C, Christensen E R, et al. 2003. Source apportionment of PAHs in dated sediments from the Black River, Ohio [J]. Water Research, 37 (9): 2149-2161.

Guerrero M, Paarlberg A J, Huthoff F, et al. 2015. Optimizing dredge-and-dump activities for river navigability using a Hydro-Morphodynamic Model [J]. Water, 7 (7): 3943-3962.

Hu C M. 2009. A novel ocean color index to detect floating algae in the global oceans [J]. Remote

Sensing of Environment, 113 (10): 2118-2129.

Hu C, Hackett K E, Callahan M K, et al. 2003. The 2002 ocean color anomaly in the Florida Bight: A cause of local coral reef decline [J]. Geophysical Research Letters, 30 (3): 51-54.

Ibrahim E S H, Bajwa A A. 2015. Severe pulmonary arterial hypertension: comprehensive evaluation by magnetic resonance imaging [J]. Case Reports in Radiology: 946920.

Jang J. 2001. Temporal and spatial distribution and source identification of organic pollutants in Lake Calumet area [J]. Dissertation Abstracts International, 62 (3): 1293.

Jiang Y, Xie P, Nie Y. 2014. Concentration and bioaccumulation of cyanobacterial bioactive and odorous metabolites occurred in a large, shallow Chinese Lake [J]. Bulletin of Environmental Contamination and Toxicology, 93: 643-648.

Kelley D W, Nater E A. 2000. Source apportionment of lake bed sediments to watersheds in an Upper Mississippi basin using a chemical mass balance method [J]. Catena, 41 (4) : 277-292.

Kim J O, Kim S, Park N S. 2012. Performance and modeling of zeolite adsorption for ammonia nitrogen removal [J]. Desalination & Water Treatment, 43 (1-3): 113-117.

Kozak A, Goldyn R, Dondajewska R. 2015. Phytoplankton composition and abundance in restored maltański reservoir under the influence of physico- chemical variables and zooplankton grazing pressure [J]. Plos One, 10 (4): 1-22.

Lazaro T R. 1979. Urban hydrology: a multidisciplinary perspective [M]. Michigan: Ann Arbor Science Publishers.

Li Z J, Song L L, Ma J Z, et al. 2017. The characteristics changes of pH and EC of atmospheric precipitation and analysis on the source of acid rain in the source area of the Yangtze River from 2010 to 2015 [J]. Atmospheric Environment, 156: 61-69.

Lin M, Li Z, Liu J, et al. 2015. Maintaining economic value of ecosystem services whilst reducing environmental cost: A way to achieve freshwater restoration in China [J]. Plos One, 10 (3): 1-11.

Liu C, Huang X, Wang H. 2008. Start-up of a membrane bioreactor bioaugmented with genetically engineered microorganism for enhanced treatment of atrazine containing wastewater [J]. Desalination, 231 (1-3): 12-19.

Liu C, Shen Q, Zhou Q, et al. 2015. Precontrol of algae- induced black blooms through sediment dredging at appropriate depth in a typical eutrophic shallow lake [J]. Ecological Engineering, 77: 139-145.

Lu G H, Ma Q, Zhang J H. 2011. Analysis of black water aggregation in Taihu Lake [J]. Water Science and Engineering, 4 (4): 374-385.

Manap N, Voulvoulis N. 2015. Environmental management for dredging sediments: The requirement of developing nations [J]. Journal of Environmental Management, 147: 338-348.

Markou G, Vandamme D, Muylaert K. 2014. Using natural zeolite for ammonia sorption from wastewater and as nitrogen releaser for the cultivation of Arthrospira platensis [J]. Bioresource Technology, 155: 373-378.

Mazzeo N, Iglesias C, Teixeirade M F, et al. 2010. Trophic cascade effects of Hoplias malabaricus (Characiformes, Erythrinidae) in subtropical lakes food webs: A mesocosm approach [J]. Hydrobiologia, 644 (1): 325-335.

Mittal S K, Goel S. 2010. BOD exertion and $OD_{600}$ measurements in presence of heavy metal ions using microbes from dairy wastewater as a seed [J]. Journal of Water Resource and Protection, 2 (5): 478-488.

Mobley C D. 1999. Estimation of the remote-sensing reflectance from above-surface measurements [J]. Applied Optics, 38 (36): 7442-7455.

Moore B R. 1969. River sediment control by deep suction dredging [J]. Water Research, 3 (10): 779-778.

Moss B. 1991. Development of daphnid communities in diatom- and cyanophyte-dominated lakes and their relevance to lake restoration by biomanipulation [J]. Journal of Applied Ecology, 28 (2): 586-602.

Murdock H. 1950. Aeration of river waters to maintain an oxygen level to support natural digestion of pollution materials is considered feasible in some localities [J]. Industrial and Engineering Chemistry, 42 (10): 73-74.

Nakano T, Tayasu I, Wada E, et al. 2005. Sulfur and strontium isotope geochemistry of tributary rivers of Lake Biwa: Implications for human impact on the decadal change of lake water quality [J]. Science of the Total Environment, 345 (1): 1-12.

Nichol J E. 1993. Remote sensing of tropical blackwater rivers: A method for environmental water quality analysis [J]. Applied Geography, 13 (2): 153-168.

Noblet J, Schweitzer L, Ibrahim E, et al. 1999. Evaluation of a taste and odor incident on the Ohio River [J]. Water Science & Technology, 40 (6): 185-193.

Pei Q L, Liang X, Yan M, et al. 2012. Medium optimization for exopolysaccharide production in liquid culture of endophytic fungus Berkleasmium sp. Dzf12 [J]. International Journal of Molecular Sciences, 13 (9): 11411-11426.

Pradhan S, Rai L C. 2000. Optimization of flow rate, initial metal ion concentration and biomass density for maximum removal of $Cu^{2+}$ by immobilized microcystis [J]. World Journal of Microbiology & Biotechnology, 16 (6): 579-584.

Qi L. 2014. Long-term distribution patterns of Chlorophyll-a Concentration in China's largest freshwater lake: MERIS full-resolution observations with a practical approach [J]. Remote Sensing, 7 (1): 275-299.

Qi L, Hu C M, Duan H T, et al. 2014. A novel meris algorithm to derive cyanobacterial phycocyanin pigment concentrations in a eutrophic lake: Theoretical basis and practical considerations [J]. Remote Sensing of Environment, 154: 298-317.

Rai U N, Upadhyay A K, Singh N K, et al. 2015. Seasonal applicability of horizontal sub-surface flow constructed wetland for trace elements and nutrient removal from urban wastes to conserve Ganga River water quality at Haridwar, India [J]. Ecological Engineering, 81: 115-122.

Salt D E, Blaylock M, Kumar N P B A, et al. 1995. Phytoremediation: A novel strategy for the removal of toxic metals from the environment using plants [J]. Biotechnology, 13 (5): 468-474.

Semrany S, Favier L, Djelal H, et al. 2012. Bioaugmentation: possible solution in the treatment of bio-refractory organic compounds (Bio-ROCs) [J]. Biochemical Engineering Journal, 69 (51): 75-86.

Shah A B, Rai U N, Singh R P. 2015. Correlations between some hazardous inorganic pollutants in the Gomti River and their accumulation in selected macrophytes under aquatic ecosystem [J]. Bulletin of Environmental Contamination and Toxicology, 94 (6): 783-790.

Sheng Y, Qua Y, Ding C, et al. 2013. A combined application of different engineering and biological techniques to remediate a heavily polluted river [J]. Ecological Engineering, 57: 1-7.

Silva M L B D, Alvarez P J J. 2010. Bioaugmentatio [J]. Handbook of Hydrocarbon & Lipid Microbiology, 4531-4544.

Sokolova I M, Portner H O. 2001. Temperature effects on key metabolic enzymes in Littorina saxatilis and L. obtusata from different latitudes and shore levels [J]. Marine Biology, 139 (1): 113-126.

Song C, Liu X, Song Y, et al. 2017. Key blackening and stinking pollutants in Dongsha River of Beijing: Spatial distribution and source identification [J]. Journal of Environmental Management, 200: 335.

Su D, Li P J, Frank S, et al. 2006. Biodegradation of benzo [a] pyrene in soil by Mucor sp. SF06 and Bacillus sp. SB02 co-immobilized on vermiculite [J]. Journal of Environmental Sciences, 18 (6): 1204-1209.

Su M C, Christensen E R, Karls J F. 1998. Determination of PAH sources in dated sediments from Green Bay, Wisconsin, by a chemical mass balance model [J]. Environmental Pollution, 99 (3): 411-419.

Sugio T, Mizunashi W, Inagaki K, et al. 1987. Purification and some properties of sulfur: ferric ion oxidoreductase from Thiobacillus ferrooxidans [J]. Journal of Bacteriology, 169 (11): 4916-4922.

Tavares M T, Quintelas C, Figueiredo H, et al. 2006. Comparative study between natural and artificial zeolites as supports for biosorption systems [J]. Materials Science Forum, 514-516 (2): 1294-1298.

Wan Y, Ruan X, Wang X, et al. 2014. Odour emission characteristics of 22 recreational rivers in Nanjing [J]. Environmental Monitoring & Assessment, 186: 6061-6081.

Wang G F, Li X N, Fang Y, et al. 2014. Analysis on the formation condition of the algae-induced odorous black water agglomerate [J]. Saudi Journal of Biological Sciences, 21 (6): 597-604.

Wang M H, Shi W. 2007. The NIR-SWIR combined atmospheric correction approach for MODIS ocean color data processing [J]. Optics Express, 15 (24): 15722-15733.

Wood S, Wittiams S T, White E W R, et al. 1983. Factors influencing geosmin production by a streptomycete and their relevance to the occurrence of earthy taints in reservoirs [J]. Water Science & Technology, 15 (6-7): 191-198.

Yu G, Qiu L, Lei H, et al. 2008. In situ biochemical technology to control black- odor of polluted sediments in tidal river [J]. Journal of Biotechnology, 136 (4): 665.

Zhang M W, Tang J W, Dong Q, et al. 2014. Atmospheric correction of HJ-1 CCD imagery over turbid lake waters [J]. Optics Express, 22 (7): 7906-7924.

Zhong J C, Fan C X, Zhang L, et al. 2010. Significance of dredging on sediment denitrification in Meiliang Bay, China: A year long simulation study [J]. Journal of Environmental Sciences, 22 (1): 68-75.

Zhuang H F, Han H J, Xu P, et al. 2015. Biodegradation of quinoline by Streptomyces sp. N01 immobilized on bamboo carbon supported $Fe_3O_4$ nanoparticles [J]. Biochemical Engineering Journal, 99: 44-47.

Zhuang R Y, Lou Y J, Qiu X T, et al. 2017. Identification of a yeast strain able to oxidize and remove sulfide high efficiently [J]. Applied Microbiology & Biotechnology, 101 (1): 391-400.